乾偉藏書

民國八十三年十一月廿二日

讓傳統文化立足世界舞台

——《協和台灣叢刊》發行人序

林經甫

這是一種相當難得且奇特的經驗，四十歲之前，許多人常會問我的，總是一些生理與醫療方面的問題；四十歲之後，我最常思考的卻是文化方面的問題。

如此南轅北轍的改變，最主要的原因，應該是來自我的經驗法則：跟每一位成長在戰後的一代相彷，自童年長至青年，無論是家庭、學校或者是整個社會給我的壓力，只是讀書、考試，考試、讀書；而我一直也沒讓人失望，唸完醫學院後，順利負笈英國，接著又在日本拿到博士學位，先後在美國及台灣擔任過許多人欽羨的婦產科醫生，也正因此，讓我有太多機會在世界各地認識不同的友人。然而，這樣的機會卻總讓我感到自卑，這自卑並非來自專業知識，而是每每交換及不同的文化經驗時，少數識得台灣的友人，也僅知道這個海島擁有七百億的外匯存底而已。

這個殘酷的事實，逼著我不得不慎重的思考：什麼樣的文化，才足以代表台灣？

●

一九八三年間，我結束了在美的醫療工作，

回台全力投注於協和婦幼醫院的經管，由於業務的需要，常有機會到日本去，有一次在橫濱的一家古董店裡，發覺了十幾尊傳統布袋戲偶，讓我突然勾起兒時在台南勝利戲院，坐在長排椅的椅背上看內台布袋戲的情景；不久後，在大阪天理大學附設的博物館，看到那尊清乾隆年間的戲神田都元師以及古色古香的「六角棚」戲台，還有那些皮影、傀儡、木雕、銀器、刺繡與原住民族的工藝品，讓我產生極大的感動，忍不住當場流下眼淚。

我的感動來自於那些代表先民智慧與工藝水平的器物之美；忍不住掉下的眼淚，則是因為這些製作精巧，具有歷史意義又代表傳統文化精華的東西，在這外邦受到最慎重的收藏與保護，但在當時的台灣，除了某些唯利是圖的古董商外，根本乏人理會！

除了感動，同時也讓我感受到日本文化侵略的危機，這種危機感也許可溯自大學三年級的暑假，我參加基督教醫療協會，到信義、仁愛、望洋等山地部落，從事公共衛生的醫療服務時，便深刻體會到日治時期對台灣山地的積極教育，讓日本文化、語言以及民族性都紮下不錯的根基，其深厚的程度甚至令人驚駭，只是當時的情況，個人並無力改變什麼。及至一九八〇年前後，我結束學業，回到台灣後，第一件事便是找到彰化教育學院的郭惠二教授，試圖回到山地，經管一個模範村的計劃，結果模範村計劃因故流產，而那次再回山地，讓我不敢置信的是，由於電視進入山區，使得原住民族的文化幾近完全流失，少數保存下來的，卻是日治時期的文化遺產。

這是多麼可怕的文化侵略啊！難道連日本人走了，都還能予取予求地用區區的金錢，換取我們最珍貴的傳統文化？

如此揉合著感動、迷惑又驚駭的心情，讓我在東京坐立難安，隔天，便毫不考慮地到橫濱那家古董店買回店中所有的布袋戲偶，同時又透過種種關係，買回「哈哈笑」劇團最早那個被台灣古董商騙賣到日本的戲棚。

那絕不只是一時的衝動而已，我很清楚地告訴自己，只要在能力範圍之內，將盡可能地尋回這些流落在外的文化財產；這些年來，雖沒有明確的收藏計劃，但只要是有價值的東西，我都不肯放棄，至今，也才稍可談得上規模。

●

嚴格說來，我是個典型受西式教育的人，加上長年在國外的關係，讓我對藝術或者文化，都懷有較深且闊的世界觀。

最早我在英國唸書的時候，便跑遍了歐洲重要的美術館，後來每次出國，只要有機會，決不會錯過任何一個可觀的現代藝術館。

除了參觀與欣賞，我也嚐試著收藏一些美術的東西，收藏的目的，除因個人的喜好，當然也因為美好的藝術品也是不分國界的！

也許有人會認為，在這傳統與現代之間，必有無法調和的衝突之處，我又如何面對呢？其實，我從不認為這兩者之間會有相互矛盾或衝突之處，任何一種藝術品都有其共通之美，而其中蘊含的不同文化特色，正足代表那個民族的特殊之處，傳統的彩繪與現代美術作品，正是兩類截然不同的作品，正因其不同，我們才能在彩繪中，體認先民的精神與生活狀態，它的價值，除了美之外，更在於它所蘊含的特殊文化表徵。當然，時代的快速進步之下，傳統的美術、工藝與文化，面臨了難以持續的大難題，導致這個問題的因素頗多，例如政府政策的不當、教育的偏頗以及社會的畸型發展，讓戰後的台灣人擁有最好的知識教育，卻完全缺乏生活教育，終造成今天這個以金錢論成敗，從不考慮精神生活的社會型態。

過去，也有許多的專家學者，對這個病態的社會提出不少頗有見地的意見，但我一直認為，任何一個正常的社會，必要擁有正常的文化。台灣光復以來，政府當局全力追求經濟建設的成長，卻不顧文化水平一直在原地踏步，直到近幾年，有關單位似乎也較積極地從事文化建設；只是，當中共的廣東省政府，花了兩億美元整修一座五落大厝，成為一座古色古香的廣東地方博物館時，台灣的左營舊城門才剛剛被毀，半毀的麻豆林家也被拆遷，這樣的文化建設又怎能談得上什麼成績呢？

在這種種難題與僵局之下，要重振傳統文化，重新獲得現代人的肯定，甚至立足在世界的舞台上，就不能光靠政府的政策與態度，而是我們每個人都有責任付出關心與努力，用現代化的方法與現代人的觀點，提昇傳統文化的品質，再締造本土文化的光輝。

●

從開始收藏第一尊布袋戲偶起，彷彿便註定我將走上這條寂寞卻不會後悔的文化之路。

過去那麼多年前，只是默默地收藏一些珍貴的文化財產，我當然知道，光如此是不夠的，但直到今天，時機稍稍成熟，才敢進行下一步的計劃。這個計劃，大概可分為三個部份：一是成立出版社，二為創立臺原藝術文化基金會，三則創設臺原傳統戲曲文物館。

臺原出版社成立的目的有二：一是專業台灣風土叢刊的出版，這是一套持續性的計劃，計劃每年分三季出書，每季同時出版五種台灣風土文化的叢書，類別包括：民俗、戲曲、音樂、歷史、工藝、文物、雜俎、原住民族等大類，每本書都將採最精美的設計與印刷，用最通俗的筆法，喚醒正在迷茫與游離中的朋友，讓更多的朋友重新認識本土文化的可貴與迷人之處。我深信，只要持之以恆，所有努力的成績不僅將獲得關愛本土人士的肯定，更將贏得國際間的重視；二為出版基金會的專刊，臺原藝術文化基金會成立之後，將有計劃地整理台灣的傳統藝術之美，諸如戲曲之美、偶戲造型以至於建築、彩繪之美……等等。

至於基金會與博物館的創立，則是我最大的目標，這兩個計劃其實是一體的，博物館只是基金會的附屬單位，主要的功用在於展示基金會所收藏的文物與美術品；至於基金會本身，除了推廣與發展本土文化，定期舉辦各種研習營與表演、演講，更將策劃舉辦各種世界性的文物交流展，目的除了讓國人有機會打開更廣闊的視野外，更重要的是讓本土文化立足在世界的舞台上。

讓本土文化立足在世界的舞台上，不僅是臺原藝術文化基金會與出版社努力的目標，更是每個關愛本土文化人士最大的期望，不是嗎？唯有如此，才能重拾我們失落已久的自尊！

（本文獲選入《一九八九年海峽散文選》）

詮釋意義的時代

——序《台灣民間信仰小百科〔廟祀卷〕》

李喬

《台灣民間信仰小百科》是劉還月先生歷經八年的田野調查、探訪查證，再由劉先生獨力集納簡揀編著成冊的。血汗辛勞帶來的業績與榮耀歸諸所有參與的報導人以及這套鉅著的作者；這個成果知識則分享於全體台灣人。我們感謝並致敬意。

其中〔廟祀卷〕部分，劉先生指明要非學術界的門外漢——筆者作序。動機不明、誠意可感；檢點篋笥之有無，試寫幾點隨想如下：

一、劉還月先生是典型的苦學自學有所成就人物。早年由「文藝青年」而走上純文學創作之路。由於今世此時，純文學令人深感無力，而此人性急熱血澎湃，於是走上人類學民俗民藝研究艱苦之旅。那是另一寬廣豐富之境，尤其在台灣人自主性覺醒，主體性追求的巨濤上，它是顯學。今天島上各部類專學之士不少，卻獨缺「台灣學」專家。劉氏的困境在此，機會也在此。也許如劉氏這種存在，在歷史長河裡、學術殿堂上，註定是泥淖中「墊腳石」角色。不過，生命意義，盡心用力即可，何論身後之名？另一方面，文化人類學史卻提供了有趣的例子：十九世紀末文化人類學草創期代表人物，科學的社會進化論旗手美國人摩根（Lewis Henry Morgan）是一位開業律師，從未置身大學或研究所中。被稱許為偉大的進化主義者的英籍文化人類學者泰勒（Edward Burnett Tylor）是一個結核病病人，從未進入大學就讀。由於一八七一年出版名著《原始文化》，同年被推荐為英國學士院院士，四年後名校頒授博士……

誠然，台灣的「制度」，不可能獲得如此的榮譽，但學問之道無礙，學問是可以成就的。然而非學院出身又敢染指學問者有二難：一是克服自卑與自大的心障；二是方法上「不知不覺間」流於草率粗糙，也被作為攻擊重點，同時方法論上往往被學院中人打得金星亂冒。如何自救？筆者主張：「入虎穴得虎子」，去學院「冰箱中」偷；做田野調查，比人家更勤奮更深入，展現真工夫！

二、民間信仰、民俗活動是蘊藏人民力量最巨大的地方。以往，除了少數研究單位的研究人員為了飯碗，做些研究報告外，極少獲得政府機關與智識界的重視，而今似有解凍移動跡象。然而，距離匯集此民間巨力，成為民間社會的「創造力」則遙遠得很。

當代象徵人類學大師納克搭．特納（Victor Turner）在論儀式，象徵理論時提出一個最值得「我們」深思的說法：政治威權與儀式威權的區分：儀式威權所富有的神秘力量，常常是造成挑戰政治威權的「弱者的力量」或邊緣力量的來源。（見何翠萍作《比較象徵學大師：特納》）

由此得一信息：台灣改造運動中，宗教、民間信仰力量是可能扮演一積極角色的。問題是：現下的民間信仰——本來就屬於基層人民生活的一部份，而今卻被政客撥弄角頭利用！如何正本清源？一是學者的疏淤清源，二是社會文化改造運動者放下身段投入參與改造行動，三是驅逐政治力的干涉……

三、今天台灣正處於大改造、大變遷的關鍵點上。許多事物與名分都應重新解釋其意義或賦予意義，還有許多隱藏了的、被扭曲了的意義，應予重新釋放。這就是文化改造的時代，文化創造的時代。這個時代給予社會科學界百世難逢的機會，也被賦予新文化奠基的重大使命。由於這種覺醒，在探討、研究、整理台灣民間信仰的事務上，如何重新解釋、賦予意義、釋放意義，便成為「嚴重」的問題。台灣文化的組織系統亟需梳理，台灣文化的部類系統最應釐清；台灣的「自主文化體系」正在形成。然則，民間信仰最富於地方性、族羣性，也就是詮釋台灣文化主體性的最佳基石。國內人類學者潘英海博士在介紹文化的詮釋者葛茲（Clifford Geertz）一文中，有一段話頗適合贈給劉還月先生以及他的同道朋友：「『文化』是人類學研究的核心概念；沒有文化概念的人類學研究就好比一個人失去靈魂一樣。」

筆者要斗膽補充一句的是：《台灣民間信仰小百科》的著作，能夠且必須是真正「台灣底」，也就是：它當然是在文化生態原理原則下的事物名份；它不是意識型態下的創作，它是台灣文化的客觀呈現。綜觀〔廟祀卷〕全卷，可作如斯觀。

——一九九三年九月一日

台灣寺廟的發展與困局

——《台灣民間信仰小百科〔廟祀卷〕》代自序

由大多數漢人移民所建構的台灣社會，在移墾與建立部落的過程中，寺廟往往扮演着非常重要的角色，不僅凝聚了地方共識與命運一體的觀念，更建構了地方的信仰、文化與政經中心，解決善信的需要，傳遞先人的智慧與經驗，在封建的舊時代，更維持了社會的安定與繁榮，即使到了太平洋戰後，寺廟仍是台灣人民文化與情感凝聚交會的主要場所，人們在這裡傳遞知識，承襲經驗，交流情感……曾幾何時，原本純樸的廟口不是走向觀光文化，就是人影漸稀，原本最能表徵地方文化的地方，卻成色情與金錢遊戲的集散地，原本由地方士紳所主持的廟務，如今淪為地方政客甚至是角頭老大掌控……。今天，台灣的寺廟到底遭到了些什麼問題？寺廟的未來又該如何發展？又會碰到什麼困局？

步過「興正教，除淫祠」的年代

台灣民間信仰的發展，應自清領時期，較多的漢人入墾之後，佔大多數來自中國東南沿海地區的漢裔移民，為祈渡海平安與移民順利，往往都會從原鄉將神明分香，帶到移墾地，稍有能力便建草寮暫奉，部落初形成之後，乃建公厝奉祀，往後再隨部落的發展與移民的因素，發展成不同性質的廟宇。

不同祖籍、不同區域的移民，帶來不同的神祇，加上墾地的特殊環境而新興的信仰崇拜，使得台灣的民間信仰多樣而發達，開墾初見規模後，寺廟乃開始出現，角頭有角頭廟，聯庄有聯庄廟，都會有人羣廟，不同的廟宇分別扮演着不同的角色，滿足境內善信們信仰的需求，並做為傳達消息與資訊的重要據點。

清代的寺廟，其實是一個多功能的社會教育、文化與政治中心，無論廟大或小，影響的範圍是角頭或是人羣，一座廟在其所在的範圍，至少扮演以下五種角色：一、滿足人們信仰、禳災、祈福等種種需要，二、扮演地方資訊、消息的流通中心，三、地方文化的形成與發展主要據點，四、人際關係的建立與紛爭調息之所，五、官方命令與消息的傳播之所。儘管如此，清廷為了牢固地控制人民，一方面積極建立官廟，指定少數的主神如：文廟、武廟、先農、關帝、媽祖、文昌、城隍、風神、火神等供人民崇祀，一方面則將其他可能跟政策相違背的信仰，列為淫祀，連雅堂修《台灣通史》謂：「其一為五福大帝，廟在鎮署之右……歲以六月出巡，謂之逐疫，喬粧鬼卒，呵殿前驅，金鼓喧闐……七月七日，又至海隅迎之。此瘟神爾，而與靈官皆竊五帝之號，是淫祀也。」官方對於這類被冠上「淫祀」的民間信仰，不僅大力取締，所建之廟更被稱作淫祠，官方得以強制拆除，顯見清代的台灣民間信仰，受到官方的節制頗大。

日人治台後，初期的政策是「治國要先知民情」（黃得時〈光復前的台灣研究〉），花了許多的時間、經費研究以期了解這個島嶼以及島上的住民，對人民原有的生活習慣、語言、文化、信仰的干預並不多，一八九六年八月十八日，樺山資紀總督發表保存台地廟宇寺院的諭告，至少在某種程度說明日本當局對台灣民間信仰的初步態度：

> 本島固有的廟宮寺院等，在其創建雖有公私之區別，總之是信仰尊崇的結果，又是德義之

標準，秩序之淵源，治民保安上不可或缺者也。故目前軍務倥偬之際，出其不得已雖有一時暫為軍用，切勿損傷舊觀，需要特別注意，其中如破壞神像，散亂神器等所為，苟且斷不許之。自今以後須小心注意保存，如有暫供軍用者，須火速回復舊態，此旨特為諭告。

其後的數十年間，日人對台灣文化的態度，雖也隨着當政者的不同而時有改變，但大環境而言，仍有相當程度的自由，直到太平洋戰爭爆發，日人迫切希望實施皇民化政策，邀集了一些御用士紳，召開寺廟整理的座談會，會中並對寺廟、神明會及廟產財團，做出了如此的決議：

一、寺廟之整理：

1.寺廟以全面廢除為原則，惟在過渡期得以一街庄一寺廟之原則，廢併存置。

2.舊有習俗的祭祀活動之改善及寺廟管理方式，應力求合理化。

3.祀神應改為純正之佛教或儒教之神佛。

4.寺廟建築物，應逐漸改成佈教所，或寺院形態。

二、神明會、祖公會之整理：

1.神明會、祖公會等宗教團體，原則上應全部解散。

2.解散後之團體財產，應捐獻與教化財團。

三、財團之組成

以寺廟神明會、祖公會等廢除後所得之財產，另組織教化財團。

這個寺廟整理運動，在全島實施後，雖因戰事的日漸吃緊，當局無暇管理而使得各地績效不一，但也逼使得許許多多台灣的通俗信仰廟宇，為繼續生存下去，改以佛教做為掩護，而形成此後台灣民間信仰和佛、道教混成一體的特殊現象。

日本當局對民間信仰的壓迫，源自於戰爭的壓力，同樣的，也因戰爭的結束，所有的壓迫力量因而消失，寺廟終於可以恢復原本的面貌，民間信仰也有了自由的空間，原本以為迎接的將是燦爛的時代，誰知道事與願違，寺廟的發展受到更大的限制，民間信仰更被打為迷信與落伍的代名詞……

白色恐怖下的寺廟發展

太平洋戰後，對於絕大多數的台灣人而言，都懷着出頭天的夢想，只是這個夢想完全經不起考驗，一九四七年「二二八事件」爆發，國民黨以高壓和恐怖的手段統治台灣人，台灣的歷史與文化在大中國意識的包圍下，完全失去了自我，台灣人根本沒有地位和尊嚴，民間信仰根本就被貶做低俗的迷信，寺廟也缺乏正常的發展空間，只得自求多福，自生自滅。

台灣戰後伊始，因政治衝突引來長期的戒嚴，人的自由更被箝制，某些人為了求取個人的利益，於是有了各種形式的妥協與歸附；執政當局利用長期的戒嚴，剝奪許多人民的自由，已經相當不合理，少數人為了求得個人的利益，再透過種種私人關係甚至是金錢攻勢，而取得某些特權，這本是一件羞恥的事，但在別人不能我獨可的特權心態下，竟成為一種炫耀的本錢。此外，更多人為了完成某些心願或工作，又害怕政治的迫害，寧可捨正當的抗爭手段，而以妥協、假借其他名目的方法，來達成心中最基礎的願望……。

長期政治控制下的戒嚴心態，不僅反映在台灣的各行各業上，傳統的宗教寺廟，更把這一套戒嚴心態的特質，完完全全地接納而發揮出來；早期各廟為爭主導權，與政治人物甚至於政治團體掛勾，寺廟利用地方上的人脈控制選舉，政治團體運用政治的手段壓抑其他寺廟的發展……這類的例子俯拾皆是，說明了愈嚴密的政治控制，愈容易產生各種的特權，寺廟主導者為了各種利益，自然樂於成為政治的附庸。

就以迎神賽會為例，執政者早在五〇年代，便以「改善民俗，節約拜拜」為由，禁止各地的遊境與賽戲，戒嚴令中又絕對禁止集會遊行，然而戰後至今，迎神賽會從未間斷過，並非當政者改變了政策，而是各寺廟向執政者輸誠的結果，民間例行各種迎神賽會，竟然都是以「慶祝總統、副總統就職×週年」或者「慶祝新生活紀念日」以至於「慶祝國慶」、「慶祝蔣公誕辰」；「慶祝台灣光復節」甚至「慶祝盧山會議」……等政治理由申請，這一切不合理的現象，非但從來沒有人反抗，為求申請獲准，多數人反而是卑躬屈膝，一味討好。

除了委曲求全的模式，更常可見到主動拉攏當政者以及為執政當局意識形態效勞的例子，諸如祭典時請黨政要員掛名擔任主委，或者請四星上將前來敲鑼剪綵，或者在迎神祭祖時，不斷宣揚「我們的祖先都來自大陸（中國），和大陸（中國）同胞有血濃於水的情感，今天我們在這裡熱烈慶祝××神明的聖誕，更不要忘記大陸上的苦難同胞，大家要團結起來，在政府英明的領導下，以《三民主義》完成統一中國的神聖使命……」之類的政治詞令。寺廟活動如此嚴重的政治導向，致使信仰文化嚴重地受到扭曲，逼得許多寺廟全然不能抵抗地走上庸俗化、劣質化與功利化之路。

台灣的通俗信仰，在漫長的發展過程中，雖一直受到各種限制和壓迫，然而在宗教勸人為善的本質下，非但甚少給社會帶來負面的影響，反而因具有導正社會風氣、約束社會道德的作用，對於社會的正常發展貢獻了相當大的力量。然而，戰後的政治力量深入宗教後，能夠主事寺廟或宗教活動的人，都必須具有相當的政治實力，一般人根本不可能有機會參與，成了少數人的專利，其他的人為了分噌這些權利，幾乎可說是無所不用其極，其中最有效的往往是金錢攻勢，如此一來，金錢開始主導着寺廟文化。

這些年來，由於台灣社會的繁榮，鉅額的香油錢成為各寺廟主要的財富，因而不管是為了寺廟或個人的利益，許多人擠破頭都想要成為管委會或董事會的一員，有的人根本沒有機會跟現有的廟搭上線，或者遭受到排擠無法進入權力核心，於是另起爐灶，蓋一座巨大的新廟和老廟別苗頭；老廟為了和那些巨大、裝飾繁複（却不一定精細）的新廟相抗衡，紛紛大興土木，蓋了許多庸俗無比的冰冷水泥建物。此外，又為吸引角頭內信徒的認同，競相舉行各式各樣的活動，從出巡繞境到建醮大典，無所不用其極，許多活動早已超量而無實際需要，主辦者好大喜功，競相擺排場、競賽闊氣，却從不重視內容或意義，如此注重表象的寺廟文化，怎不把台灣社會帶向金錢化與庸俗功利化的深淵中呢？

長期以來，政治力的侵略以及功利化的導向，讓台灣的寺廟唯利是圖之外，更失去自我的定位，尤其是八〇年代末期，台海的關係漸趨緩和，人民可以在毫無忌憚地往來中國和台灣之後，許多寺廟為了擺脫分香廟角色，以提高自己的地位，同時更用以號召信徒，以期獲得更多的香油錢，竟以直接到中國進香，從最早的開基廟分香回新的神明，做為擺脫台灣祖廟和元廟的手段，這般功利化的舉止，發展至今甚至演變成隨時都可以組成「祖廟進香團」的泛濫情況，全然沒有辦法阻止。如此下去，台灣的寺廟非但全然失去了自主性，甚至連好不容易建立的，屬於這塊土地的面貌，都會在功利與盲目化的導向中被葬送掉。

台灣寺廟往何處去？

從聚沙成塔，一點一滴累積屬於自己村里信仰中心的時代走來，面對過無數的困厄和挑戰，今天，台灣的寺廟無論在政治的禁制或經濟的來源上，都不會造成太大的困難，在政令方面雖仍有諸多限制，但處處可見沒有「執照」的祠廟，政府事實上並不大能夠管得着，在經濟來源方面，民間甚至戲稱「蓋廟賺大錢」，顯見香油錢之充裕！

現實的條件改變了，然而寺廟卻也同時失去了舊有的資產，知識份子漸少在廟宇走動，廟口的文化不再能夠展現地方的特色，信仰的精神變得粗糙與庸俗，寺廟在本質上已失去了自我，加上和政治的掛勾日益嚴重，更失去獨立發展的能力，長此下來，原本扮演着人們信仰中心與地方文化主導者角色的廟寺，遂變成人們用來求財求利的場所而已，未來的發展顯然是相當不樂觀的！

今天，我們認真地面對寺廟，必須嚴肅地面對幾個問題：

一、知識份子重回到廟宇：舊時的寺廟，是知識份子重要的活動空間，他們除了為善信們代寫書信，解決困惑，更積極參與廟務，對寺廟的良性發展，扮演着一定的角色，如今，知識份子卻把寺廟視為迷信和落伍之所，從來不想踏入一步，有些寺廟遂淪為地方角頭兄弟或政客所把持，在他們的觀念中，只要能滿足善信的需求為首要，於是才有脫衣舞、六合彩……堂堂進入廟堂，把台灣的寺廟帶入最粗糙、最淪落的境地。

二、政黨停止控制寺廟：長久以來，國民黨為了掌握選票，積極滲透入各寺廟的核心組織，使得許多寺廟在人事被嚴重滲透的情況下，自然成為政治的附庸，只能為政治服務，往往扭曲善信們的需要與企求，因此，若想恢復寺廟原來扮演地方社會、經濟文化中心角色的地位，唯有徹底脫離政治控制，這點顯然相當困難，卻也是我們最需要努力的！

三、確立本廟自主性的文化：任何一座寺廟，無論神格的高低、廟的地位與規模大小如何，每座廟都絕對有代表自己的文化以及屬於自己的尊嚴，由於每座廟扮演的角色不同，價值也就在這不同的角色之上，並非都一定要直接從祖廟分香而來才有「價值」，事實上，這更不是取得「地位」的正常手段。我們認為，每座廟最大的價值，必然在其與地方的互動關係上，寺廟的地位，更建立在善信的信賴與肯定之上，因而，立刻停止盲目的到中國進香為第一要務，接着則是召集地方人士集思廣義，重新尋回並肯定屬於自己，屬於部落的文化，加入現代人的觀點，予以發揚並發酵，吸引部落中的人重新回到廟裡，當是更落實而長久之計。

四、加強寺廟文化的宣導與教育工作：確立自主性的文化，建立自尊與自信，更重要的是加強寺廟文化的宣導與教育。舊時台灣的教育主要是靠老一輩的口傳心逑及經驗傳遞，寺廟的文化與祭祀儀禮大多包含在其中，無論怎麼流傳，大體不會出太過嚴重的問題，戰後教育的形態徹底改變，學校成了教育的主體，而在各階層的學校教育中，都完全摒棄寺廟文化與民間信仰的情況下，愈來愈多的人根本分不清廟中所祀何神？又該要舉行什麼樣的祭典？祭禮的意義又在那裡……等，近年來，雖有漸多的知識份子出現在迎神賽會的場合中，但大多也僅看熱鬧而已，少有人真正深入並進入門道，這並不是他們不想深入了解，而是整個社會缺乏可供他們入門的管道，多數寺廟僅是把廟和神擺在那裡，至於善信要怎麼拜，或者認不認識神明，都不大理會。如此自然不可能在兩者之間找到更好的互動關係，因而，每一座寺廟都必須主動負起宣導和教育的工作，無論用文字、聲音或影像，都可以直接幫助更多有心的人重新認識寺廟與神明，體認常民文化的特質。

五、主動結合地方文化，發展文化活動：傳統的廟會，在現代社會中，因時空及人們觀念的變異，已漸不能滿足現代人的需求，而低俗的電子琴花車和脫衣舞，更只會把寺廟文化帶入毀滅的深淵，因而，如何結合地方的特色與文化，透過完整的規劃與設計，發展出符合現代人需要的文化活動，不僅是抓住新一代羣眾最重要的關鍵，更是彰顯寺廟文化主要的管道之一。

六、……

認真看來，無論社會怎麼進步，民間信仰在台灣，一直仍扮演着相當重要的角色，寺廟的份量更不容忽視，過去，整個社會卻只是一味的鄙視與拒絕，卻只是把它們逼向粗糙與低俗之境，反而在社會上造成極大劣質化的效果，結果又遭到太多知識份子的嚴厲指責，如此惡性循環，實無向善的一天，今天，我們實不能再繼續掩耳盜鈴，任其敗壞；唯有誠懇面對問題，重新回到寺廟，共同為重整、重建人民的文化而努力，台灣的寺廟文化，才能真正步入優美、良善的境地。

關於作者

●赤腳參加演講比賽的劉還月。

劉還月，本名劉魏銘，一九五八年生，台灣新竹客家人，第十四屆吳三連獎報導文學獎項得主。曾任廣告公司企劃、《自立晚報》〈生活版〉主編、《三台雜誌》總編輯、現任臺原藝術文化基金會總幹事、臺原出版社總編輯、台灣常民文化田野工作室主持人、台北縣政府鄉土教材編纂指導教授，另兼多齣公共電視節目企劃或顧問工作。一九八四年起，專事台灣民俗田野調查。曾獲王育德紀念研究獎、教育部文藝獎、台灣之美攝影金牌獎、台北西區扶輪社職業成就獎、梁實秋散文獎及國內各媒體散文、報導文學獎等多項文學獎。

年輕時，熱愛藝文創作的劉還月，於一九八○年替「黨外」助選以來，便回到本土的領域上，以闊氣經營生命，以殘酷面對自己，每一個生命過程都定下目標，並堅持完成自己。十餘年櫛風沐雨的田野工作，成績斐然，被譽為台灣常民文化的旗手！

在出版著作方面，重要成績包括：

一九八六年　台灣民俗誌
一九八七年　回首看台灣
一九八八年　旅愁三疊
一九八九年　台灣土地傳
一九八九年　台灣歲時小百科（上下兩卷）
一九九○年　變遷中的台閩戲曲與文化（與林經甫合著）
一九九○年　台灣的布袋戲
一九九○年　台灣札記
一九九○年　台灣生活日記（徐仁修合著）
一九九一年　台灣民俗田野手冊
一九九一年　台灣的歲節祭祀
一九九一年　瘖瘂鶴鳴
一九九二年　台灣傳奇人物誌
一九九三年　南瀛平埔誌
一九九四年　台灣民間信仰小百科（全書共五卷）

重要的個人研究計劃，則有：

一九八四—一九八八年　台灣歲時小百科田野調查（長年性計劃）
一九八七年　三峽祖師廟慶成祈安清醮醮典田野記錄
一九八七年　桃園平鎮福明宮祈安清醮醮典田野記錄
一九八七—一九九二年　台灣民間信仰小百科田野調查（長年性計劃）
一九九○年　基隆市政府委託「雞籠中元祭祭典科儀」田野研究報告案
一九九二—一九九七年　台灣生命禮俗小百科田野調查（長年性計劃）
一九九二年　台南縣文化中心委託「台南縣西拉雅族歷史與文化」田野調查案
一九九三年　屏東縣文化中心委託「屏東縣境平埔族羣」田野調查案

每一座高峯，都是用無數土石堆積起來的！

——《台灣民間信仰小百科》的特別謝誌

《台灣民間信仰小百科》的完成，雖然名譽歸我個人所有，然而，所走過的每一步，其實都有太多的朋友拉我一把，助我一臂之力，其中最多的是田野現場中的報導人，八年下來，累積了四、五百位之多，長期承受各界朋友們的大愛，卻無法一一詳列他們的名字，僅能在此表示我最深厚的謝意。

一九八七年起，沒有第二句話便全盤接受《台灣歲時小百科》的《民眾日報》副刊，也同樣接納了《台灣民間信仰小百科》，一直到出書之際，這個專欄仍存在於報紙版面上，這麼多年了，《民眾日報》副刊先改稱文化版，今稱鄉土版，最初的主編吳錦發先生高昇言論部，換由張詠雪小姐主編，但這些滄海桑田，並沒有改變他們對我的支持，在這裡，我要特別謝謝兩位主編：

吳錦發先生

張詠雪小姐

此外，《自立晚報》的林文義先生，《台灣時報》的王家祥先生，對這些小稿的支持，也值得記一筆。

百年難得換來的好友黃文博！這麼多年來，

不只提供了我一切的方便，更毫無怨言地替大部份的文稿做最辛苦的校訂工作，他的學識與見聞令我贊佩，但有些由於個人觀點的差異以及後來補寫的部份，未及請他過目，若有錯誤，責任完全在我，在此，我必須再一次寫上他的名字，以示最真摯的謝意：

黃文博先生

踏入常民文化研究的領域以來，一直受到許多師長朋友的教誨，事實上，他們的研究成果，更是我學習模仿的對象，而今，趁著出書之際，特別請他們寫此評論的文字，一方面能給我一些參考，同時也做為紀念，在此，我必須慎重向他們致謝：

劉枝萬教授

李　喬先生

阮昌銳教授

董芳苑教授

黃文博先生（按年齡順序）

最後，還是要謝謝您！

謝謝您喜歡這套作品，謝謝您疼惜台灣，疼惜我們所擁有的一切！

〔廟祀卷〕分卷說明

一、本書所涵蓋的範圍，以台灣和澎湖羣島為主，觸及的族羣，則以福佬、客家為主體的漢人；原住民部份，僅錄平埔族部份，餘因無力研究，全部放棄不錄，特此向原住民朋友致歉，期望有人可全力進行原住民風土民俗的研究。

二、本書所探討的問題與介紹的現象，乃指一九九〇年前後三年為準，然則民間信仰最易受到外力影響而改變！加上南北各地本就有許多歧異，因而若發現實況和書中記錄的不同，當以現實的狀況為準。

三、台灣的民間信仰，本就具有自由發展與多元創造的特色，同一個祭典，南北各地可能就有天壤之別，再者各地也常有特殊的信仰行為，因而台灣民間信仰的項類何止千萬條，但受限於本人研究功夫未逮，僅能記錄這套書所有的內容，唯恐遭不明究裡的人士誤認此為民間信仰的全部，在此特別鄭重聲明：

書中所列僅為個人所知的範圍，並不能涵括所有的台灣民間信仰。

四、〔廟祀卷〕所收錄的，包括寺廟組織、祠廟形制、文廟建制、祀神用品、牲醴祭品、金銀冥紙等單元。寺廟組織介紹的包括神格的高低、神明的性質以及各種祭祀組織。祠廟形制主要是介紹一座廟各個部門與名稱，但屬於建築專門的學問，並不屬本人研究範圍，因此概不列入，以免造成錯誤。

台灣的文廟，雖和民間信仰有一段距離，但因數量眾多，許多人都有機會到文廟中參觀或休憩，因而特別整理成一個小單元。

祀神用品指的乃為廟中所有跟祭祀有關的東西，包括神像、香爐、供桌、香燭、籤詩等物，由於各廟所奉之神祇與形制大不相同，收錄不及之處顯然甚多，還望有心的朋友們不吝指正。牲醴祭品介紹的都為牲醴及各式祭品，包括三牲、五牲及米糕、粿塔等，但屬普渡常見的祭品，如佛手、佛圓、看碗、看牲……等物，則置於〔醮事卷〕中，有興趣的朋友不妨比對參考。

金銀冥紙特別列為一個單元，大體可以看出台灣民間信仰中，所用金銀紙之複雜程度，雖然如此，遺漏之處恐怕仍多，不足之處實為本人學識不足所致。

五、本書所引用之書目，全部直接標示於內文中，且參考引用之書目甚多，佔用篇幅過鉅，為節約篇幅，全部省略不列，特此說明。

台灣民間信仰小百科〔廟祀卷〕

劉還月／著

讓傳統文化立足世界舞台／林經甫（勃仲）／3
──《協和台灣叢刊》發行人序
詮釋意義的時代／李喬／7
──序《台灣民間信仰小百科〔廟祀卷〕》
台灣寺廟的發展與困局／10
──《台灣民間信仰小百科〔廟祀卷〕》代自序
關於作者／18
每一座高峯，都是用無數土石堆積起來的！／20
──《台灣民間信仰小百科》的特別謝誌
〔廟祀卷〕分卷說明／22

輯一　寺廟組織

祖廟／38
元廟／39
人羣廟／40
角頭廟／42
主神／44
統一神／45
行政神／46
天界行政神／48
陰間行政神／49
守護神／51
司法神／52
瘟神／53
雜神／54
有應公／55
義民爺／56
動物神／57
自然神／59
樹神／60

石神／62
物神／63
開基神／64
鎮殿神／65
分身神／67
分靈神／68
同祀神／69
配祀神／70
協祀神／72
配偶神／73
功德主／74
祿位牌／75
五營元帥／76
五營頭／78
五營旗／79
五營神像／80
米篩五營／82
三十六官將頭／83
五虎將／84
神明會／86
聯庄會／87

祖公會／88
祭祀公業／89
父母會／90
共祭會／91
爐主／92
祭祀圈／93
信仰圈／94
丁口錢（福份錢）／95
香油錢／96

輯二　祠廟形制

寺廟的階級／98
特殊的稱呼／100
寺廟的格局／102
山門／104
石燈座／105
五門與三川門／106
拜殿／108
龍虎門（廳）／109
青龍白虎壁／111

正殿／112
天井、台基與露台／113
御路／115
後殿／116
鐘鼓樓／118
雙龍搶珠與三仙／120
仙人走獸／121
金爐／122
惜字亭（爐）／123
旗杆／125
憨番扛廟角／127
門鼓／129
石獅／130
門神的傳說／131
門神的種類／132
特殊的門神／134
門釘／136
風調雨順門神／137
楹聯／138
匾額／139
文廟匾與警世匾／140

算盤／141
戲台／142
石雕／144
竹、木雕／146
磚雕／148
交趾陶／149
剪黏／151
泥塑／152
彩繪／153
道家八寶／154
佛家八寶／155
蟠桃與靈芝／156
瑞氣植物／157
吉祥花卉／158
富貴蔬果／159
四聘賢能／160

輯三　文廟建制

文廟的建制／162
大成坊與禮門義路／164

萬仞宮牆／165
大成殿／166
崇聖殿／167
東西兩廡／168
戟門與櫺星門／169
泮池／170
螭陛和散水螭首／171
通天柱／172
鴟吻與梟鳥／173

輯四　祀神用品

神像的派別／176
神像的大小／177
開斧／179
入神物／180
開光點眼／181
神衣／182
神案與供桌／183
乩桌／185
令旗架／186

賽錢箱／187
桌裙／188
八仙綵／189
八仙八寶／190
香爐／191
天公爐與三界公爐／192
天神位（座）／194
爐丹／195
點香爐／196
線香／197
長壽香／198
排香與壽香／200
盤香與環香／202
檀香／203
蠟燭／204
燭台／205
爆竹／206
沙盤／207
香煙／208
徒手祭拜／209
焚香膜拜／210

手爐／211
擲筊／212
筊示／213
擲爐主／214
乞緣／215
求籤／216
籤筒／217
籤枝／218
籤詩／219
自動靈籤舍／220
運籤／221
藥籤／222
草藥／223
平安符／224
光明燈／225

輯五　牲醴祭品

祭品／228
牲醴／229
全牲與半牲／230

目錄

五牲／232
三牲／233
麵豬麵羊／234
素菜（菜碗）／235
四果／236
五果／237
五齋／238
六齋／239
山珍海味／240
滿漢全席／241
金銀財寶／242
生菜／243
鮮花／244
糖果／245
茶／246
酒／247
香水和花粉／248
米糕／249
年糕／250
發粿／251
龜粿／252

粿塔／253
湯圓／254
五味碗／255
五穀籽／256
紅豆與花豆／258
柑橘與鳳梨／259
蔴粩與米粩／261
紅棗與桂圓乾／262
冬瓜糖與生仁糖／263
油飯與紅蛋／264

輯六　金銀冥紙

金銀紙的由來／268
天公金／269
頂極金／270
天金／271
刈金／272
壽金／273
土地公金／274
金白錢／275

天庫地庫／276
甲馬／277
蓮座／278
高錢／279
床母衣／280
經衣／281
五色紙／282
銀紙／283
銀仔／284
金銀袋／285
庫錢／286
往生錢／287
改年經／288
改運紙人／289
改運生肖／290
本命錢／291
陰陽錢／292
三官大帝錢／293
神將錢／294
山神土地錢／295
花公花婆錢／296

火神錢／297
太歲錢／298
天狗錢／299
白虎錢／300
煞神錢／301
閻王錢／302
五鬼錢／303
前世父母錢／304
亡魂錢／305
七星錢／306
刑剋錢／307
車厄錢／308
路關錢／309
轉輪錢／310
其他指定用紙錢／311

索引／②

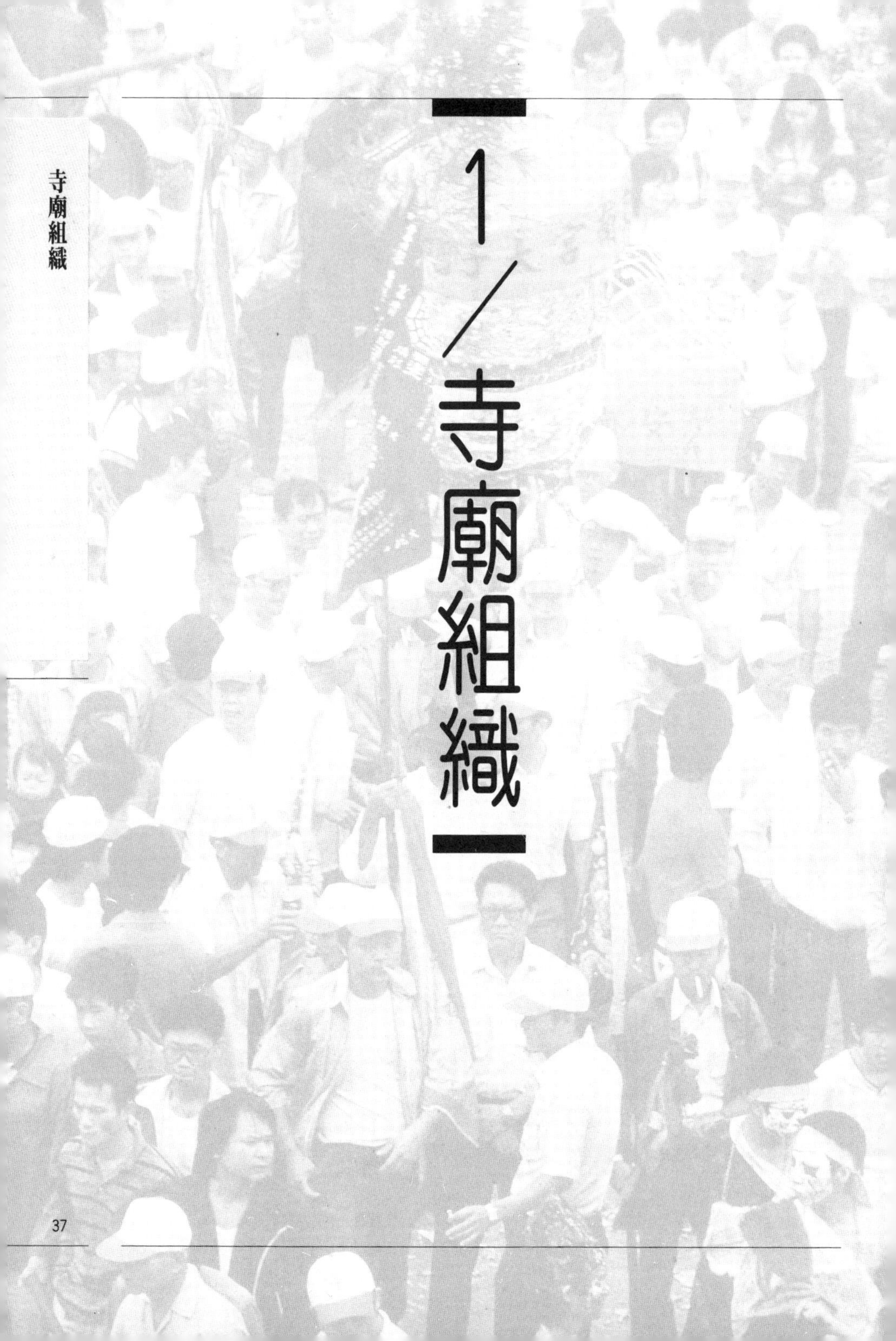

1／寺廟組織

祖廟

寺廟是台灣人民祭祀與信仰主要發生的地方，由於民間信仰的發達，台地寺廟眾多，更成一大特色。每座廟建廟的緣由和歷史不同，寺廟的區分除了供奉神祇的差別，更有性質及輩份之差，祖廟及元廟乃為劃分輩份，人羣廟和角頭廟，乃分信徒的性質。

祖廟並不是祖先之廟，而是指某一神祇的祖神之廟，傳統的民間信仰中，除天神與司法神沒有祖廟，一般性的民俗神祇，無論是天上聖母、保生大帝、關聖帝君、開漳聖王……都有祖廟可尋。

台灣由於地理位置特殊，常因政治的歸屬問題阻斷台海交通，許多廟神早已和最初的祖廟斷絕了關係，台灣地區的古老廟宇也就取而代之，但要成為祖廟，除需歷史悠久，更要善信廣佈或受清皇敕封……等條件相配合。

●南鯤鯓代天府爲許多台灣王爺的祖廟。

元廟

元廟又稱為開基廟，但並不一定指祖廟，而是指某個區域內開基發展成一信仰體系的廟，這座廟，也許是從別的地方分靈而來的，但為相同神祇中最早建立的廟宇，且獲廣大信徒的認同，便為元廟。

台灣由於地理環境特殊，一般通俗信仰的神祇，許多都自中國分靈而來。在台灣奠定基礎後，為應善信的需要，不斷分靈出許多的新廟，後遂形成一個完整的信仰體系，最早那座廟就是信仰圈中的元廟，礁溪協天廟、北港朝天宮、新港奉天宮、麻豆五王府、台北大龍峒保安宮、木柵指南宮……都是台地重要的元廟。

▼北港朝天宮爲台灣媽祖重要的開基廟之一。

人羣廟

一座寺廟建成之後，依奉祀主神神格的高低而輩份不同，加上受到信徒分佈、神話、傳說、外在環境甚至廟宇格局……等因素的影響，發展的規模也大不相同，有的僅有少數人祭祀，有的名揚外庄，信徒遍佈各地，每逢香期，總吸引成千上萬的善男信女回來進香，這類的廟宇，稱為人羣廟。一般而言，祖廟或元廟較易成為人羣廟，卻不是每座元廟都是人羣廟，分靈廟也有發展成人羣廟的可能，但僅屬少數特例。

人羣廟跟奉祀的神明或派別並沒有什麼直接的關係，而是指信徒的參與力或組織而言，除了全國性的人羣廟，另有影響力較小，或以縣、或以鎮為範疇的人羣廟，為方便區分，此類的人羣廟大都冠以區域名，如彰化地區人羣廟，美濃地區人羣廟……等。

●馬公天后宮爲澎湖地區之人羣廟。

▶林口竹林山寺也是一座區域性的人羣廟。

▼馬鳴山鎭安宮，爲五年千歲首要的人羣廟。

●台南三山國王廟，早變成一個角頭廟。

角頭廟

角頭是福佬話形容某一特定地區或某一村里的稱法，如北角頭、南角頭、東河角頭、下庄角頭……等，顧名思義，角頭廟也就是該角頭中的廟宇。

雖然不是絕對的定義，大體而言，角頭廟乃相對於人羣廟，屬於角頭的廟宇，大部份的信徒都只是地方上的人士，少有外來的善信，進香活動也只有對外，而無外面來此進香者。最典型的角頭廟，乃為各地的土地公廟，此外，自大廟分靈而來，座落於村里間的分靈廟，由於分靈任務需要的限制，大多僅屬於該村該里的角頭廟。至於曾經善信遠佈的人羣廟，香火若不能維持而日漸式微，最後也可能淪為角頭廟，台南市三山國王廟便是典型一例。

●馬公的水仙宮，也是典型的角頭廟。

主神

任何一座寺廟，為滿足信徒的需要，都會供奉多種神祇，每種神祇的神格不同，從屬關係相當複雜，每種神明除原本的名稱外，更有區分地位與來由的專有名詞。

主神是一種最為普遍卻又相當籠統的稱呼，它至少包括兩個含意，一是指某寺廟中主要供奉的神祇，二指包括統一神玉皇大帝在內的天上諸神。

台灣各地的寺廟，無論教派、大小，必都主奉某一神祇，供奉的神明則不一定只有一位，如三山國王便有三位，四海龍王共有四位，五府王爺共有五位，這些在專祀的廟中，都屬地位最高之神，也就是該廟宇的主神；至於天界神明系統中的主神，又分統一神及行政神等兩大類別。

●東山碧軒寺的主神觀音佛祖。

統一神

統一神實乃專指玉皇大帝。玉皇大帝被類分為獨一無二的統一神，主要的因素有二，一是統管諸神，二是界跨陰陽。民間信仰中，每種神都掌有特定的職務，也有固定的權限，任何神明都不能超越職權。負責監督眾神明行事，管理祂們職權的，就是玉皇大帝。

傳統的信仰觀念，大多認為玉皇大帝不僅掌管天上諸神外，其權力更擴及陰陽兩界的人和鬼，是宇宙中地位最崇高，權位最大的神祇，因萬事歸一統，玉皇大帝自被視為神格最高的統一神。

●《三教搜神大全》所刊的玉皇大帝神像。

行政神

除了玉皇大帝，一般性的神明，則分為負有特定職掌的神明或轄有地域的守護神。負有專門任務的神明也就是行政神，俗稱行神。依神格、職司的不同，又分天界行政神和陰間行政神兩大系統。

簡單而言，行神乃專司護佑某一行業者的神祇，如媽祖庇佑航海者，文昌帝君保佑讀書人，九天玄女是線香業者的守護神，呂洞賓是理髮業者的祖師爺，豬八戒專護特種行業……這些跟某種職業有關的神祇，大多被認為是該行業的發明人或者因推廣有功、或開創絕技有功而千秋萬世為善信們奉祀。當然也有特例，民間普遍認為，豬八戒專護特種行業，則和祂好近女色的個性有關。

●呂洞賓爲理髮業者的祖師爺。

▶孔子、制字先師和文昌帝君，都和讀書人有關。

▼九天玄女負責守護線香業者。

天界行政神

天界行政神乃指所屬天庭的各種行政神，也就是掌理人間各項事務的行神，這些行政神隸屬於三官大帝之下，凡人間各項事務皆有專神掌理。

民間俗信中，天界行政神的職司分得相當清楚：文明之神為文昌帝君，軍事作戰屬關帝君和中壇元帥（太子爺）負責，農業作物盡歸神農大帝管轄，木匠業由巧聖先師負責，打鐵業者有爐公先師保護，水泥業者則由荷葉先師掌理，商業有寒單爺和關帝爺統管，醫務由保生大帝負責，航海之神為天上聖母及水仙尊王，曲樂之神是田都元帥與西秦王爺，女紅巧藝由七星娘娘傳授，生男育女找註生娘娘……，至於祈求福、祿、壽、喜，有財神、祿神、子神、壽神可求。

在這些主要的行政神之外，有其他更多的神明，分理各專門的職業，如玄天上帝掌屠宰業者，鄭元和管理乞丐……祂們全都屬於天界行政神之一。

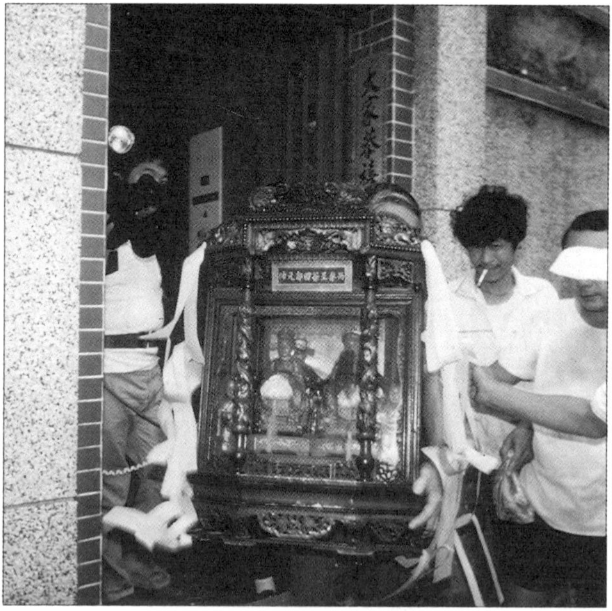

●田都元帥和西秦王爺爲曲樂之神。

陰間行政神

陰間行政神，顧名思義自是指管理陰間諸多事務的神明，主要以十殿閻王所屬的各殿閻王為主。

由酆都大帝總管的十殿閻王，每殿閻王的職司各不相同，一殿秦廣王，負責保護善魂安渡金橋，前往西天；二殿楚江王，主管割舌地獄、剪刀地獄、吊鐵樹地獄；三殿宋帝王，掌孽鏡台地獄、落蒸地獄；四殿五官王，負責銅柱地獄、劍山地獄、寒冰地獄；五殿閻羅王，理油鼎地獄；六殿卞城王，掌理牛坑地獄、石壓地獄、舂臼地獄，七殿泰山王，掌浸血池地獄、枉死城地獄、木樑地獄；八殿平等王，負責火山地獄、落磨地獄；九殿都市王，掌刀鋸地獄；十殿輪轉王，負責最後判決，依是非善惡，將靈魂轉為六道投生。

十殿閻王除第一殿及第十殿不司刑罰外，其餘每殿分別就人生前的是非善惡，分別投入各種地獄中，因而一直都為人們所敬畏。

●西港慶安宮後殿供奉的閻王像。

●天上聖母原爲航海行神，漸轉爲台人的守護神。

守護神

近年台地信仰日趨複雜與多元，許多行政神原始的色彩漸淡，反而轉為普獲信奉的守護神，媽祖、玄天上帝、保生大帝…等，早為台灣民間信仰中，最受人們信奉的守護神。

行政神之外，其他以保護、庇佑人民為主要職司的神祇，都屬於守護神；但也有人將之列為地方行政神。

大體而言，守護神絕大部份都由地方性的神祇升格而來。透過傳奇故事或神話而誕生或興盛的地方神，發展之初僅限某特定地區，後因不斷發跡，而成某鄉某郡人士的守護神，如漳州人的開漳聖王、惠安人供奉的青山王、南安人的保儀大夫、汀州人的定光古佛……，另也有專屬某一族羣的守護神，客家人的三山國王便是典型的例子。

地方性的神祇，發展的過程中，若未獲其他人士接納，其神格仍屬地方神，青山王、定光古佛以及台灣中部的隨駕王都屬此例；勢力日漸擴增而獲廣眾信奉，則為守護神，開台聖王、開漳聖王、義民爺都為其中典型。

●開漳聖王爲漳州人的守護神。

司法神

司法神顧名思義，是指專職司理律法的神祇，祂們所司理律法的範圍，包括神界及陰間兩界，以彌補陽間律法之外的空檔，以提醒人們死後還要接受審判，在世時應隨時行善而不得為惡。

民間信仰中最著名的司法神，莫過於城隍爺，此外，東嶽大帝、幽冥教主以至於境主公也都被視為司法神，至於十殿閻王，雖為陰間行政神，但因其查惡緝私之職責，往往也被視為司法神之一。

各種司法神之間，職務有頗多重覆之處，民間再三宣揚祂們的神威顯赫並借各種特殊的行事，如暗訪、緝私等行為宣揚祂們的威儀，無非是希望藉此勸阻人們不要為非作歹，多行善以積陰德。

●司法神在舊社會負起維護社會秩序之責。

瘟神

瘟神是台灣神明信仰中，系統獨特，角色特別，且不兼扮其他角色的神祇。

●王爺是最典型的瘟神。

台灣的瘟神，多以王爺稱之，來由可分為五瘟使者系和十二瘟王系。五瘟使者分別是：「春瘟張元伯，夏瘟劉元達，秋瘟趙公明，冬瘟鍾任貴，總管中瘟史文業」（《三教源流搜神大全》）民間傳說中，一說他們是帶來瘟疫的五個人，一說五人原為秀才，遇見瘟神下瘟入井，乃投井自盡以絕瘟疫流行，後被奉為五顯靈官，又發展成三百六十進士的王爺信仰，台南地區為首的五府或三府王爺信仰，大多源自於這個系統。

十二瘟王，乃指十二位依歲輪值的瘟王，依照東港溪流域王爺信仰的普遍說法，分別是：子年張全，丑年余文，寅年侯彪，卯年耿通，辰年吳友，巳年何仲，午年薛溫，未年封立，申年趙玉，酉年譚起，戌年盧德，亥年羅士友。這十二瘟王，乃為玉皇大帝的特使，依歲下凡通令陽間王爺可「代天巡狩」，陽間王爺出巡繞境，綏靖轄域之後，則需以王船恭送十二瘟王返駕。

無論瘟王的由來如何，民間奉祀的目的都為瘟疫遠離，人身健康，諸事順遂。

雜神

雜神又稱雜類神，並非指雜亂的神或有其他不好的含意，而是一個籠統的稱呼，專指無法歸類入某一系統的神祇而言，一般而言，因民間傳說而生，卻無法列入行政、司法或瘟神系統的神祇，都可謂為雜神，《封神榜》或其他演義小說上的哪吒、楊戩、孔明……等，全都屬於雜神。

台灣地區又因移民與墾拓不易等因素，信仰的需要甚強，再加上不斷的械鬥、戰爭或其他因素而繁衍出許多神祇，如李勇、吳鳳、劉聖君、辜婦媽、楊泗將軍、御史太師、壽公爺……等無以歸類的神祇，祂們都屬於雜神的一類。

▼吳鳳實為漢人沙文主義而創造出的神。

有應公

有應公是台灣民間信仰中，種類及數目最多，分佈更是無所不在的信仰項類。有應公實乃一通稱，由於各地形成的背景與環境不同，

●台地的有應公，處處可見。

名稱可謂千奇百怪，有：百姓公、萬應公、水流公、聖公媽、萬善爺、七王公、六義士、十八王公、流民公、亡魂公、萬人公、雜姓公……。

無論有應公的名種有什麼不同，但都是孤魂野鬼而昇化為人們敬祀的對象，其由來大體可分為六大項類：一、路倒病死無人收埋者；二、墓地一帶的無主枯骨；三、水流淹死無人收屍者；四、戰亂而死無人收葬者；五、兇禍而死冤魂不散者；六、其他特殊死亡無人理會者。這些亡逝之人由於無後或無人祭祀，遂變成遊魂厲鬼，往往作祟人們或危害地方，人民為了安心或避免被侵擾，乃將屍骨掩埋，並設壇祭祀，有應公因而形成。

除了害怕被侵擾、威脅而生不安，人們也可能因利益的需要賄賂有應公，大家樂盛行之時，許多公墓裡的老墓都成了人們求明牌的有應公，路旁有人車禍喪身，不久之後也可能因應信徒求財的需要，開始有人祭拜，慢慢地建成小祠，又造就了一個有應公，使得短短幾年內，台灣的有應公暴增數倍。

義民爺

義民爺是台灣地區特有的民間信仰之一，祂和有應公屬同系統的神祇，原本的神格甚低，但在客家人長期的經營與崇祀下，義民爺早已脫離有應公厲鬼弄人、有求必應的特質，提昇為客家人心目中亦神亦祖的神祇。

台灣地區的義民爺信仰，以新竹縣新埔鎮的褒忠義民廟及屏東縣竹田鄉的西勢忠義祠為中心，原都為福客械鬥戰死的客家人集葬一地，後因受清廷勅封「褒忠義民」，此後義民爺漸成客家人信仰的重心。南北兩廟因建制的差別，南部偏重於官祀色彩，祭禮較為莊嚴，北部純為民間信仰，香火鼎盛，信徒遍及全台各地。

大多死於朱一貴與林爽文事件的客家義民爺，在客家人強烈的信仰需求下，遂成南北兩地的信仰中心，神格亦不斷提昇，清乾隆五十六年（一七九一年）便已脫離有應公色彩，成為可分靈的神祇，不久後更超越原有的守護神，成為客家人最崇祀、最重要的信仰主神。

●義民爺為客家人專祀之神。

●動物成神，必有特殊的緣由。

動物神

動物神顧名思義，乃指動物因特殊因素而昇化的神，台灣地區的動物神，種類繁多而處處可見，其由來大體有三：一是主神的部將成神，如保生大帝座下的黑虎將軍，西秦王爺麾下的虎爺。二為因地方傳說而生，如台南地區的靈龜聖母，嘉義的牛將軍等。三是有應公的一種，如北港的義犬將軍，台北縣北海岸十八王公中的忠狗……等。

台灣地區的動物神，香火都相當興盛，顯然人民相信動物之靈可保佑某些特殊事務的關係，動物神崇祀的種類更是繁多，包括：虎、狗、牛、蛇、龜、鯉魚、蝶、蝙蝠、以及晚近在卓蘭軍民廟新興的神蛾等，人們祭拜動物神，除了庇佑身體健康外，更是求財求利最好的對象。

●醮祭中臨時供奉的風伯神像。

自然神

自然神乃指自然界有形無形的諸神，廣義的自然神，包括城隍、土地、風、雷、雨、電……等，這些神祇被人供奉的歷史相當久遠，歷代都建有專門的寺廟供奉，且大都已偶像化，台灣大多也有專廟，成為民間常祀的神祇之一。

窄義所指的自然神，大多為民間敬祀，因敬畏天地萬物而衍生的神祇，主要乃指山神、河神、海神（不是海龍王）、圳神……等，這些神祇大多提供許多自然的資產，以應人們生活所需，更和人類生存環境息息相關，因而深得民間的崇祀，工商社會以後，人們借着現代文明的力量和大自然相抗衡，處處破壞自然環境，對自然神的祭拜也就愈少了。

●台北內湖金龍寺前供奉的山神爺神像。

●大樹小樹，綁上紅布，放個香爐便成了樹王公。

樹神

樹神大多俗稱樹王公或樹王爺，也就是巨樹所成之神。民間認為，大樹吸收天地的精華，而歷經幾百年，甚至幾千年的洗禮，依舊能屹力不倒，不僅顯示出其堅強的生命力，更透露出無比的神威。不過並不是每棵大樹都能成為樹王公，大多得借助某些特殊的傳奇或者神話的觸媒才成。

台灣地區的樹王公處處可見，尤其是大家樂賭風興起後，許多樂迷到處找明牌，許多大樹被掛上紅布，便成了樹王公。除了因財而生的樹王公外，更多的樹王公以庇佑孩子成長而稱著，許多傳統父母更會讓孩子拜樹王公為契父，而成民間信仰中特殊的習俗。台地較出名的樹王公，包括台中大里、台南西港、高雄美濃、屏東里港、台南十二佃、澎湖通樑……等地，每棵樹王公都歷史悠久，信徒遠播各處。

●屏東潮州的松王公，樹前還立有碑位。

石神

石頭之可以成神，必要的因素有二：一是巨大，二需堅硬。大體而言，巨石成神的因緣，不脫以下兩大模式：一是石頭的造型像人或某種動物，被奉為神；二是因顯靈傳說而被奉為神祇。

台灣人對石頭的崇拜大多以土地公相彷的神格視之，後因大家樂興起，各地都興起許多供樂迷求明牌的石頭公或石爺爺，當然這些因大家樂興起的石神，大多也隨大家樂的沒落而無人祭拜。

台地歷史悠久的石神，在台北、新莊、宜蘭、礁溪、彰化、南投、嘉義、台南、屏東……等全島南北各地都有，草屯更有如男性陽具般的石榕公，專供婦女求生子，雲林古坑的石頭廟，供有百餘顆石頭，苗栗的石神，卻象徵母性而稱為石母娘娘。

●苗栗除了有石母祠，也有石爺祠。

物神

傳統的信仰觀念中，不僅認為天地萬物中任何有生命的東西都有神，甚至連人類製造出來，供人們使用的東西也有神，這類神祇也就是物神。

通俗民間信仰中所指的物神，大體包括門神、灶神、井神、橋神、路神、桌神、燈神、椅神……等，其中門神與灶神因與人類關係最密切，且深受敬祀，其神格已被提昇為一般的神明崇祀。現今所泛指的物神，則為井神、橋神、桌神……等，因惜物觀念而衍生出的神祇。這些神祇在現代物資充裕的社會，重要性大幅降低，然而仍有許多人家，每逢初一、十五，仍會虔誠敬祀井神或橋神。

●橋神是最典型的物神。

開基神

台灣地區的寺廟，無論什麼因緣興起的，皆必先有神而後有廟，這最初的神，便為該廟的開基神。

大體而言，台地寺廟誕生的法源，大體不脫以下五大類型：一、因樹木、石頭狀似神明而受供奉，二、由中國分香而來，或由大廟分香至偏遠之境，三、神明托夢，並降示神蹟，四、原為惡靈作祟地方，民間奉祀後轉為守護神，五、動物死後成神……等。無論那一類型，最初源起的那尊（或那幾尊）神明，便為開基神。

顧名思義，開基神乃為某一座廟發源的始祖，並不一定有完整的神像，一塊木頭或石頭都可能是開基之物，分香而來的開基神，神像大多小巧玲瓏，以方便最初人民移奉他地，另也有某些廟因托夢而生，開基神或以神令或以玉旨（玉皇大帝聖旨）替代……凡此種種不勝枚舉，顯見開基神的形式、大小全無章法可言，唯一的共同之處是：祂為寺廟中最古老的神明。

●台北王爺會的開基戲神。

鎮殿神

任何寺廟，無論供奉的主神是誰，有多少配祀、協祀之神，也不管歷史久遠與否，正殿神龕上必有大型且不得任意移動的神像，以為鎮殿之用，稱之為鎮殿神。

鎮殿神主要的目的就是要鎮守廟堂，特色是巨大且固定，有些寺廟在建廟之初，便雕塑一大型神像固定於神龕之上，巨大為表現氣派，固定表示永固與威嚴，北港朝天宮及台南市大天后宮的鎮殿媽祖都是典型的例子。有些廟雖沒有特別巨大的神像，但一定有鎮殿之神，長年鎮守廟中，除非遇到天災人禍，否則都不能隨意請出正殿。

一般而言，鎮殿神並不是開基神，而是寺廟開基之後，特別塑造專職鎮守大殿，以防邪神入侵的護位大神，因而祂往往成為寺廟主神的代表。

●台東天后宮的鎮殿媽祖。

▼南方澳南天宮供奉許多分身媽祖。
◀分身神的神格與主神相近似。

●小小的土地公廟，也有分身神。

分身神

主神鎮坐在寺廟之中，供善男信女膜拜與祈求，每逢神明壽誕或同境內其他神明慶典，往往要出巡、繞境；有些地方的角頭神，還經常會被善信們請出去「辦事」或者家有婚嫁、喪祭、擇墓……等情事，請神回來以神人共鑑，為了應付這些需要，又為避免廟中鬧空城計，於是有了分身神的出現。

分身神乃指主神分成為好幾個身之意，而這些分身平時都同樣供奉在廟中，神格和主神相近，依分身的先後稱大王、二王、三王（男神）……或大媽、二媽、三媽（女神）……各廟主神分身的數量不一，小廟也許僅要三、五身便夠用，祭祀區範圍較大的人羣廟，甚至需分至二、三十身，甚至上百尊分身，才足以應付各種特殊狀況的需要。

分靈神

分靈神和分身神雖然同樣是主神的化身，但分身神僅供短期外借，奉祀的主權仍屬於本廟，分靈神由主神分得神身及神靈後，即遷離祖廟，至一個新的地方另建新廟供奉，或者奉祀在善信家中。簡略地說，分身神和主神的關係，頗似孿生兄弟，分靈神則像是嫁出去的女兒。

分靈神是神明信仰的擴散行為，一般而言，分靈神的地位較低，都敬祖廟為尊，每年在祖神壽誕或重要慶典前，必須回到祖廟進香，一方面共同慶賀廟慶之喜，同時可增顯祖廟的神威顯赫，信徒眾多，而分靈之神廟，則是借着進香行為中的過爐、乞火等儀式，增加分靈神的神威。

●分靈的孚佑帝君，回到祖廟進香。

同祀神

同祀神是指和主神同祀於廟中，神格相彷甚至更高，彼此之間完全無從屬或者其他關係的神明。

早期台灣的寺廟，祭祀的神明較單一，同祀神大多因他廟被毀或其他原因，才把其他主神迎來同祀。然而隨着社會愈進步，人民的信仰需要也日增，一般善信愈來愈不能滿足單一的信仰，許多寺廟在現實需要的考量下，開始供奉漸多的同祀神。

太平洋戰後，社會急遽轉型，民間信仰也充滿政治化及商業化，許多廟為吸引信徒，滿足信徒們各式各樣的需求，於是大量地增加同祀神，多者甚至達數十種之多，形同超級市場一般，善信們只要到一所廟中，什麼神都拜得到，氾濫的情形可見一斑。

●同祀神彼此間沒有從屬關係。

配祀神

配祀神乃指配祀於寺廟之中的神，祂們的系統有二，一是配祀於側殿或旁殿，神格稍低於主神，卻無主從關係的神明，如媽祖廟常配祀註生娘娘和福德正神（此例最為常見，各種主神的廟都可能配祀這兩神），保生大帝廟常配藥王菩薩等，此外，各廟的功德主也常配祀於右廂。

配祀神的另一系統，乃指主神的先鋒官或主神的部將，這些配祀神成神的過程，不外乎由神話所形成，如媽祖配祀的千里眼、順風耳、關帝君左右的周倉將軍與關平太子，都因神話而成配祀，此外，還有因職務關係的配祀神，司法神手下的牛頭、馬面、七爺、八爺……等，都是典型的例子。

佛教中的佛陀，也有配祀神，最普遍的是十八羅漢，此外還有韋馱、護法……等神祇。

●鹿港新祖宮配祀的龍王尊神。

●台南首邑城隍廟配祀的主考官，卻不用管考試的問題。

●台南開基武廟協祀的神馬和馬僮。

協祀神

協祀神又稱挾祀神，為主神的部將中，神格最低的神祇，祂們的地位接近佣人或傳令性質，民俗學家乃以協祀神稱之，以方便和配祀神區分之。

日人鈴木清一郎最早提出協祀神的分類，並列表試舉各主神的協祀神如下：「一、皇帝格的神——劍監、印監；二、王爺級的神——劍童、印童；三、元帥級的神——神馬、馬丁；四、觀音佛祖——善才、良女；五、地藏王菩薩——左佛童、右佛童；六、祖師——左、右道童，七、妃級以上的婦女神——左、右宮娥；八、註生娘娘——提粉、提花、提匣、提鏡；九、亡魂——金童、玉女。（《台灣舊慣冠婚葬祭與年中行事》）

由於協祀神大都是傭奴性質，大多沒有專門的神號，僅以職務稱之。

●宜蘭城隍廟中的城隍夫人殿。

配偶神

無論是行神、司法神、地方神或雜神，雖有男有女，但大都以男神為眾，這些男神中，其中有不少娶有妻子者，有些寺廟也會特別將之供奉在廟中，神的配偶乃稱配偶神。

台灣地區的配偶神，較常見的有雷公配電母、城隍配城隍夫人、三山國王配國王夫人，土地公旁祀有土地婆……等，這些配偶神中，電母乃為協助雷公照明，以免雷擊錯人，土地婆則是民間傳說中壞心眼的婦人，因而較為人知，此外，其他的配偶神，大多出自信徒的善意與溫厚心意而奉祀的。有些廟中，甚至還特別設有閨房，供她們休息，宜蘭城隍廟中的閨房，供城隍夫人休息，便為名聞全台的著名例子。

功德主

寺廟的左右廂或者旁殿、後殿中，常會設有功德殿，殿中僅供奉幾塊神主牌，並有地藏王菩薩護殿，雖不怎麼起眼，大體而言，卻是關係這座廟緣起或發達的重要關鍵。

功德殿中供奉的神主牌，稱為功德主，乃指對寺廟有大功大德之人，這些功勞者包括：最初迎來神祇，或倡議建廟，或開山住持，或捐出廟地，或出資興建以及護廟有功，發揚廟威出力最多之人，年老過世之後，後人為感念他們的功德，乃專殿奉祀神主牌，並以功德主尊稱之。

每座廟的功德主並不僅限一位，完全看有多少人對廟有貢獻，且歷代都可增奉功德主，其地位雖不高，更不具其他神祇庇佑子民的能力，祭拜者卻不會遺漏祂們，顯示人民飲水思源的厚意隆情。

●新埔義民廟供奉的功德主。

祿位牌

有些寺廟除了功德殿之外，另設有祿位殿，或者功德祿位同設在一起，合稱為功德祿位殿。

祿位牌一般可見到兩種，一是為功德主供奉長生祿位，以代之祈福，二是為活人祈禱的祿位牌，同樣也是一方方的牌位，上書寫有人的姓名及出生年月日，卻沒有亡故時辰；殿前或設有註生娘娘守護。

人生在世，主要的祈求大體不脫福、祿、壽、喜四大目標，祿位牌就是供善信們祈求增添福祿的牌位，一方祿位牌供一人祈求，設置的期間可以一年為單位，也可以長久設置，直到祿位牌主壽終正寢為止。

早期的人們，為了替長輩或父母祈求長壽，會在他們六十大壽後，到廟裡設置祿位牌，請神明保佑長命百歲，此俗在客家地區特別易見，充份表現出為人子女的孝思，近年受到新社會制度的衝擊，祿位牌的設置才愈少見了。

●美濃劉聖君廟供奉爲活人祈壽的祿位牌。

五營元帥

五營是台灣王爺信仰中最重要的一環，分為內五營及外五營兩大系統，有些神祇只設外五營，有些主神因受外在環境的影響，僅設內五營，亦有兩者皆設者。

民間信仰中的五營，每營皆有不同的統帥，率有不同的兵馬，由哪吒掌管的中營，為五營的總指揮，營下由吳德祥任兵頭，率三秦軍部隊，共有三千軍馬及三萬兵員；東營則由張基清為元帥，胡其銘任兵頭，率九夷軍部隊，可動員的兵力包括九千軍馬及九萬兵士；南營的主帥是蕭其明，副手名叫蔡坤軍，部隊稱為八蠻軍，共擁八千軍馬以及八萬兵員；由六戎軍組成的西營，主帥是劉武秀，兵頭金記宿，可調動的兵馬有六千軍馬和六萬兵士；北營由連忠宮統轄，下有王直元為兵頭，領五狄軍，計有五千軍馬與五萬兵員。

台灣中、南部的五營元帥，大多分設於廟的五方，也就是所謂的外營，主要的職司是替主神鎮守五方。

●台南地區是台地五營元帥分佈最密集的地方。

●朴子吉安宮的五營，還塑有小紙像。

●台灣常民文化田野工作室收藏的五營頭。

五營頭

五營頭也是民間供祀五營元帥相當普遍的方式之一。現代社會中，都市相當擁擠，都市中的廟宇缺乏空間，無力設置外營，只能在廟中供奉內營，五營頭也就是所指的內營。另有私人的神壇，不受地方敬奉，當然也不可能在村落中設置外營，僅能在廟中供奉五營頭。一般而言，內營領有三十六萬兵馬，或說三十六營將，屏東地區犒軍時，都要準備三十六碗酒肉，以示分祠各營將，祂們的任務已從外放部隊轉為近衛軍。

內營的擺置都集中在一起，成為主神的配祀，由於各地信仰習性的不同，又分五營頭和五營旗兩種，五營頭為五個類似布袋戲偶的偶頭，大部份都是有頭而無身，晚近也有人添置軟身（布袋戲裝），五營頭由中營立於中央，兩旁分別是東南營和西北營。

五營旗

五營信仰中的五營旗和五營頭，同樣都是內五營的表徵，且「大多數廟宇皆以『五營旗』為內營象徵，『五營頭』較少，尤其是新建廟宇都是『五營旗』的天下了。」（黃文博《台灣信仰傳奇》）。

依五行五色為區分的五營旗，上面都繡有龍的圖形及部隊稱呼或兵馬數量，邊綴有流蘇，大多為三角旗，也有用長方旗或四方旗的例子。五旗的顏色分別是中營黃旗，東營青旗，南營紅旗，西營白旗，北營黑旗，衍生自傳統五方觀念的五種顏色，也常出現在外五營中。中、南部有些地方的五營小廟便分別漆上不同的代表色，讓人一目了然。台北大稻埕的霞海城隍廟，每於五月十三迎城隍之前半個月，都要到附近角頭廟安置臨時性的外五營，也是用五種顏色的紙糊成不同的營。

●台南市白龍庵的五營頭和五營旗一起供奉。

五營神像

台灣常見的外五營系統中，不管是露天式的五營，或者建有小廟，一般都以令牌、石碑、竹符或者令旗為主，少數地方也設有神像，但大多為坐像，或者僅簡陋以紙糊而成，造型接近一般的神明。

澎湖白沙鄉講美村龍德宮安奉的外五營，採立姿的神像，用水泥雕塑而成，造型樸拙，卻生動而有趣。五座神像過去一直都採露天式的供奉，基座高大，並嵌有主神名號，吸引許多外地觀光客的好奇。

一九九二年四月，村人不忍五營元帥風吹雨打，倡議興建小廟供奉，不久後就在原設置地，各建一座迷你小祠，並將神像安置其中，儘管如此，講美村的外五營，仍是全台最值得一觀的五營神像。

●講美五營的中壇元帥。

▶威風凜凜的西營劉元帥。

▼講美村供奉五營的小祠。

米篩五營

米篩向為最佳的辟邪物，經常出現在傳統的婚俗中，「新婦出轎門，即由福命婦一手拿竹篩覆蓋其上，稱『遮米篩』或稱『過米篩』，俗稱為新郎壓服新婦之示意。」；「女方嫁女，惟恐福氣被女兒帶往男家，則於新娘出門後，用竹篩封住門口，以防之……」（吳瀛濤《台灣民俗》）。

由於米篩具有除穢辟邪之功用，也被用來安置五營元帥，安置的方法是取兩根綠竹，將米篩綁在其上，置於每營的位置，再分別插上代表五營的三角旗，前置插香處便成，米篩上還寫主神的神號，也有書寫某營由某人統率，領兵馬若干者，乃是象徵主神坐鎮於此，不僅有五營鎮守之功用，更是強力的辟邪物，大多安置於路口或常生車禍之處。

●借米篩辟邪功能而用來安置的五營。

三十六官將頭

受限於環境無法設置外營或者自古以來便內外營皆設的寺廟，內營大多設置五營元帥頭，但澎湖地區有許多寺廟，卻用三十六官將頭，取代五營元帥頭。

三十六官將頭，顯然係自三十六萬兵馬及領軍的三十六官將而來，主要的功用和五營元帥頭完全一樣，都為主神的近衛軍，負責調兵遣將，護衛廟神平安。

以木材雕成，只有頭及頸部，下用鐵線固定的三十六官將頭，或分別安置在主神兩側，或廟中另設有一神龕專祀，三十六頭每頭造型表情不一，或威武，或嚴肅，或輕鬆，或兇猛，相當有特色。為了表示神明的身份，每個頭都漆成金色的，即使擺在幽暗的神龕中，仍相當搶眼。

●澎湖寺廟中常可見的三十六官將頭。（黃文博／攝影）

五虎將

民間對於五虎將的觀念，大體來自演義小說《五虎征東》或者《五虎平西》，傳統戲曲也常取它為材，卻罕見於寺廟的供祀或迎神祭典中，屏東縣林邊鄉水利村的玉勅普龍殿，卻別出心裁地供奉五虎將為主神部將，迎神賽會時，更由真人裝扮成護衛，接受主神命令，代替主神行事。

水利村的普龍殿，供奉池府千歲為主神，原為該村人羣廟安瀾宮的同祀神，七〇年代末期，部份人士決議遷出另建新廟，村人反對，但村中少數人士執意新建普龍殿，乃和村人決裂，普龍殿也就因而成了僅六、七戶人家供奉的角頭廟。為了吸引人們的好奇，該廟在建竹木寮暫供主神時，便在廟寮四周安奉許多石臼，並繪上二十四節氣神，三十六官將，風伯、雷公、雨師、電母、十八羅漢……等各種神明，五虎將則立於廟前，中間並紮有一偶神，為中將總管，除此廟，普龍殿中也設有五營元帥，但重要性和擺置，卻完全無法和五虎將相比，觀其兩神的擺置和互動關係，五營元帥顯成內五營，五虎元帥則成了外五營。

祭典時期，五虎將也由人扮身出巡，身著蓑衣和斗笠改裝成的戰甲，造型獨特，威風凜凜，相當引人注目。

●五虎將所穿的戰甲。

▶五虎將主帥的偶神。

▼用石臼彩繪成的五虎將。

神明會

神明會是民間信仰中，最原始且較為嚴密的祭祀組織，因共同祀神的目的而生，其功能與作用也完全僅只於祭祀而已。

儘管每個神明會的起源不大相同，大體而言，都為拓台之初，由來自同鄉的移民、同姓氏的族人或者同船共渡者，為了保佑渡海平安或者墾拓順利，共同移祀了某一神明，來到台灣以後，因缺乏經濟能力或其他種種原因，無力建廟供奉，乃採輪流供奉的方式，由固定的成員共同負責神明的祭祀與其他一切事宜，神明則供奉在爐主家，這個組織也就是神明會。

也有的神明會的組織，因共同的信仰、行業關係而來，如戲曲演員的王爺會，屠宰業者的上帝爺會等都屬之。換句話說，只要共同祭祀某一神明而組成的團體，或成員有共同祭祀責任的組織，都可謂是廣義的神明會。

●台北的王爺會，爲典型的神明會。

聯庄會

聯庄會是台灣寺廟組織中相當特殊的例子，大體上可分為兩種形態，一是由許多村庄聯合共建一座廟，並保有共同的祭祀行為；二是每個村庄都擁有獨立的寺廟，卻也組成聯庄會，各廟間不以那座廟為主體，而依各廟祭期的不同，聯合動員，互壯聲勢。

聯庄會的組織，無論是那一種形態，主要的目的乃是為了聯合更多的力量，平常共襄盛舉，以慶神誕，若有外力入侵時，更可彼此呼應，共禦外侮，因而各地都可見到聯庄會的組織，至於聯庄會的數量，完全視實際的需要而定，小則三、五庄，大則十幾二十庄都可以共同吸納在一個組織之下。

北部客家地區的義民爺信仰，由十五個聯庄組成，為聯庄會中最著名的例子，此外多廟性質的聯庄，最典型之例首推台南市的三協境、四聯境、六合境……等。

●北部的義民節祭典，乃靠十五聯庄的聯庄會推動。

祖公會

祖公會又稱為祖宗會，為民間相當普遍的祭祀團體之一，它的特色是完全由同姓或同宗人組織而成，祭祀的對象除祖先外，還包括姓氏的開基神或共同奉祀的神祇。

大體而言，祖公會的組織結構和神明會類似，由會員自由樂捐或按丁口醵出資產，組成管理委員會，將這筆資金購置田產或從事其他投資，利用所孳生的利息供作日常以及祭祀的支出。有些祖公會的產業龐大，甚至可獎助房族內的孩子就學讀書，或者資助公益事業，台中縣東勢的義渡會，便是著名一例。

台地的祖公會，大多以姓氏為名，如劉氏祖會、吳氏祖會，另有其他稱呼者，如冬節會（以冬至聚會而名），陳姓宗親會等，這些祖公會大多建有祖廟，但仍採爐主制，每年由一人輪流負責祭祀及管理事宜，也有公設管理人制，由宗親選出擔任者。

●祖公會和祭祀公業，都屬宗族組織。

祭祀公業

祭祀公業和祖公會同樣都屬於宗族式的祭祀團體，兩者之間最大的差異是，祖公會的財產可能是會員捐贈或經由公開招募而來，祭祀公業則擁有祖先遺留下來的財產，老祖先們在處理財產時，抽出其中的一份，登記為祭祀公業名下，任何族人都不得買賣或佔為私有，主要的目的是確保祭祀團體的經費永遠不虞短缺。

台灣地區屬於祭祀公業的神明會組織相當多，祭祀公業從祖先開基立業後，便世世代代扮演著祭祀與延續宗族香火的重責大任，更是一個宗族權威的中心。到了今天，它的地位不僅日漸衰微，還有許多人為與祭祀公業爭財產而糾紛迭起，這個現象正說明了現代人的近利與現實。

父母會

早期台灣盛行的祭祀組織中，有一種規模頗小，卻以父母或孝友為名義組織而成的會，這種完全屬於小區域的神明會，自拓台始至日治中期相當盛行，今早已式微，所存的組織大多也名存實亡。

父母會只是這類組織較普遍的稱呼，此外還有孝思會、金蘭會、長生會、孝友會、兄弟會、老人會（不同於現今聚在公園彈唱娛樂的老人會）……等，會中除共祀有神祇外，「由會員幾十名於設立時醵出金錢，以其利息充祀神之用。會員尊親死亡時，又每人醵出費用。」（吳瀛濤《台灣民俗》），由此可見，這類組織不僅止於單純的祀神而已，更具有互助會的性質，共同協助會員處理長輩尊親的死亡及葬祭費用。

●存在於鄉間的孝思會或同姓會，現今的主要任務是協助處理喪事。

共祭會

台灣地區曾經出現過的祭祀組織中，由於彼此間利益與共，或者宗親的力量使然，大多數的組織都相當嚴密，成員的權利和義務都有明確的規範，雖沒有強制力，但在社會輿論的壓力下，大家都會奉守權責，唯獨名叫共祭會的祭祀團體，組織相當鬆散，成員間的關係並不密切。

盛行於日治期間以及日治之前的共祭會，大多以鄉里為單位形成一會，主要的作用是代表鄉里的神祇，和他鄉的組織「交陪」，以建立感情，慶典時更可互相支援。

嚴格說來，共祭會只是民間信仰中的外交組織，本身大多沒有固定的資產，也沒有決策地方事務或處理其他事情的能力，自然不受人們的重視。

爐主

爐主簡單的說，乃指負責延續寺廟香火的主人。無論是神明會，祖公會、祭祀公業或者已建廟而成立管理委員會的組織，絕大部份都設有爐主。

爐主大多有任期制，由信徒輪流擔任，選舉的方式多為擲筊產生，獲得最多聖筊者當選爐主，居次的五至七人（各廟不同）擔任頭家，協助爐主處理廟務，晚近也有以投票方式產生，任期則為一年，神明壽誕日為交接之期。

台灣開拓之初，神明會相當多，爐主須負的責任與義務相當繁雜，地位自然顯得重要，甚至大廟建成後，爐主仍扮演重要的角色，負責廟裡的活動、祭祀以及募捐丁口錢等，晚近較具規模的廟改採管理人制或財團法人制，權利重心重新調整，每年雖仍舊依例選出爐主頭家，卻只讓他們負責一些事務性的工作而已。

●爐主必須負責祭祀事宜，且每年更換。

●祭祀圈的成員，負有一定的責任和義務。

祭祀圈

一般性的通俗廟宇，形成的經歷往往是先有祭祀圈，然後才建成廟，成廟之後的運作，更需要祭祀圈來推動，才能夠生生不息。

簡單說來，祭祀圈乃是指共同祭祀一位神明，大家共享權利義務的地域性鬆散組織，在這個前提下，祭祀圈往往是共同出資興建或修廟宇的範圍，平時則必須繳交丁口錢或福份錢，並在其中選出頭家及爐主，寺廟慶典中，共同請戲演出，神明出巡時，祭祀圈必在巡境的範圍之內，此外還可能有許多共同的活動，如組團到外地進香，分新丁粄（餅）等等。

祭祀圈基本上是角頭廟最主要的香火來源，但某些具有排他性的私壇、家廟，雖也屬於地方角頭廟的一種，卻無祭祀圈可言，再依親疏關係而論，又可以分為核心圈及外圍圈，兩者扮演的角色與地位，更是截然不同。

信仰圈

寺廟的組織運作，主要是靠祭祀圈，香火的興旺以及信徒的擴散，則來自信仰圈。林美容教授撰〈彰化媽祖的信仰圈〉謂：「信仰圈為某一區域範圍內，以某一神明及其分身之信仰為中心的信徒之志願性的宗教組織。任何一個地域性的民間信仰之宗教組織符合此定義，即以一神為中心，成員資格為志願性，且成員分布範圍超過該神的地方轄區，則謂其為信仰圈。」以這個定義來看，祭祀圈為角頭廟的構成基礎，信仰圈則是人羣廟不可或缺的條件。

信仰圈的信徒，居住的地方四散，可能擴及幾個縣份以至於整個台灣，但必須有某種固定的組織或行為，才能確定為信仰圈內的成員，如有神明會的組織，或有定期性的進香、迎神活動，或是分靈廟，且一直維持良好的關係，更重要的是，所有的成員對主神都有歸屬感，願意主動祭祀主神，甚至成為主神的子民。

由於信徒都屬自願性的，且沒有強迫性的責任與義務，某一個地方，往往會成為好幾座大廟的信仰圈。

●信仰圈的信徒，完全因信仰的因素而參與。

丁口錢（福份錢）

角頭寺廟由於外來的香油錢不多，必須靠著祭祀圈內信徒固定的捐獻以維持開銷，這種捐獻稱之為丁ㄇ錢或福份錢，也有些廟稱題緣錢。

丁是指男丁，ㄇ是指女ㄇ，丁ㄇ錢乃是指按丁ㄇ之數募捐的錢，但屬自由性質，五個丁ㄇ的人家，可出五份或者只出兩份或一份。寺廟就按照信徒自己認捐的份數，每年定期（有一年一期，半年一期或一季一期等不一而足）到家裡來收錢。福份錢其實跟丁ㄇ錢完全一樣，只是名稱的差異罷了，廟方希望捐錢之人都能得到福份而以此名。

捐獻丁ㄇ錢（福份錢）的人家，等於成了寺廟信徒組織中的一員，寺廟的公共事務以及權利、義務，也都有權共同來參與，有些地方還以這個組織為單位，供組織內的人金融貸款及儲蓄，至於其他的急難救助或其他臨時性事務，也都以丁ㄇ人家最為優先。

沒參加丁ㄇ（福份）的人家，當然還是寺廟的信徒，但只能參加祭祀而已。

●高雄路竹竹滬村的太子爺廟，直接把丁口數刻在石碑上。

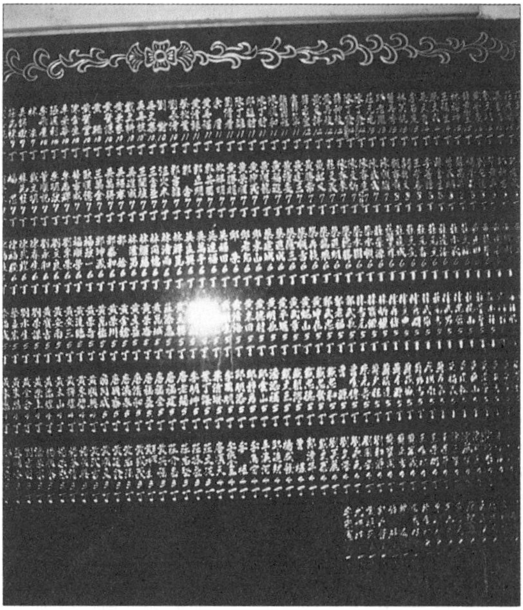

香油錢

角頭廟的主要經濟來源，有丁口錢、產業收入、祭典收入等多種，人羣廟的收入大宗，卻大多靠香油錢，一般較有知名度的廟宇，如南鯤鯓廟、北港朝天宮等，每年數千萬的香油錢不足為奇。

香油錢原是指信徒為神明添香買油的錢。一座正常的廟宇，必須終年香煙不斷，燈火通明，這些香燭都必須靠信徒提供，有些善信為方便起見，直接以現金交給廟方，供廟方統一運用，後來善信不定期樂捐給寺廟的錢，都稱為香油錢。

信徒們捐獻香油錢，可直接投入廟中的香油錢箱，也可以交給寺廟的廟祝或管理人員，並由廟方開具感謝狀，有些寺廟為吸引善信們樂捐，還會將樂捐者的大名及金額寫在紅紙上，張貼於廟中明顯處。

晚近有些廟宇，為得到更多的香油錢，發展出許多誘引式的樂捐法，如點光明燈、祈福……等等，這些都可謂是現代人的寺廟「經營」之道。

●供桌上的沙拉油，並不是祭品，而是敬獻的香油。

2／祠廟形制

寺廟的階級

每座寺廟，除了自己的名稱之外，更有專有的稱法，如宮、殿、廟、祠、壇、觀、堂、寺、庵、巖……等，區分出不同的階級。

宮為舊時皇室所居之地，王爺妃后級的神祇之廟，可稱為宮，如天后宮、協天宮；殿指皇帝的辦公室，屬於帝王級的神祇才能稱殿，如天皇殿、北極殿；廟為最通俗的稱呼，從天公廟到土地公廟、有應公廟皆有；祠一般指規模不大的廟，如石母祠、義女祠，另有供奉忠魂之所也稱祠，如昭忠祠，壇原指築高土的祭場，現多為民間私祀的神壇，但也有少數大廟以壇為名；觀為道教正統的稱呼，台地最著名的為彰化市元清觀；堂為齋教的佛堂，如清心堂、存齋堂等，也有部份通俗信仰的廟以堂為名，如慈惠堂、福安堂。

寺、庵、巖則是佛教的廟宇，寺為一般的佛寺，如大仙寺、龍山寺；庵專指尼姑祀佛之所，如海會庵、妙蓮庵；巖或稱岩，乃指近山佛寺，如寶藏巖、觀音巖。

●內門紫竹寺，供奉觀世音菩薩。

●台南的西羅殿，爲台地廣澤尊王的開基廟。

特殊的稱呼

台灣的民間信仰，因受日治末期皇民化運動的影響，佛教與道教的神明混在一起供奉，許多寺、巖都已不純粹是佛教的廟宇，反而是一些新興的蓮社、精舍，如菩提蓮社、寶光精舍，保有較純粹的佛教色彩，此外，居、院、場……也都是佛教的寺廟名稱，如大悲院、秀山居、菩提場……等。

民間還有許多無法歸類的稱呼，以家廟來說，可稱祠堂、家祠、家廟、堂……等；墾拓時期居民奉祀的角頭廟，大多以公厝稱之，如中興公厝、左鎮公厝，客家人奉祀義民爺的廟，則稱為褒忠亭、忠義亭。此外，還有稱院、苑、洞者，如饒益院、寶華苑、靈霞洞……。

除了名稱之外，民間也用廟和廟仔來區分寺廟的階級。一般而言，大神正道的廟宇，無論規模大小，都俗稱為廟。其他的有應公、地基主、山神野祀……之類的廟宇，則統統以「廟仔」稱之，語意中多少含有輕視之意。

●頭城的韋馱院，供奉韋馱菩薩。

▶六脚娘媽堂，實爲一有應公廟。

▼獅頭山靈霞洞，因借山洞建廟而名。

寺廟的格局

台灣的寺廟，建築的特色大都是雕樑畫棟，飛簷燕尾，格局上也都為三合院或四合院，大型的廟甚至出現三進或四進，自古以來，民間莫不大力整建廟宇，不僅因寺廟為地方信仰的中心，更是政治、軍事、司法、文化的中心。

結構和裝飾，大多仿中國閩南式樣的台灣寺廟，也有少部份屬中國北方的流派。文廟方面，則仿自中國山東曲阜文廟的格局。

閩南式寺廟，最講究的莫過於無處不及的裝飾，屋頂上還得裝飾龍鳳圖案或福祿壽三仙，或塑雙龍拜塔、雙龍搶珠等圖形，一方面用以辟邪，又具有祈福之功能。北方格局的寺廟，講究的是簡單與穩重，裝飾性的東西相當少見，屋頂則以琉璃瓦蓋成。文廟的特色，在於格局與空間的特殊性。

早期的寺廟，大多以石和木為材，戰後寺廟大量採用水泥為材料，近年又因台地高樓競起，都市中的廟宇由於空間有限，也開始往高樓的方式發展，傳統的格局和特色，也就愈來愈不容易見到了。

●台南大天后宮，爲王府改祀，氣派輝宏。

●高雄田寮的三奶夫人廟，採二層樓的建築型式。

山門

台灣民間信仰主要的產生之地在於寺廟，無論規模大小、格局如何，每座廟都有些基礎的建築，宣說著不同的信仰語言。

山門便是寺廟最常見的建築物之一，古稱三門，乃指寺院的大門，《佛地論》載：「大宮殿，三解脫門……謂空門、無相門、無作門。」後因佛寺都在山間，漸被稱為山門。

俗稱歡迎門的山門，台灣由於地理環境的特殊，建在山上的寺院並不多，山門乃漸被借稱為佛寺廟宇埕前的第一道門，如鹿港龍山寺、南鯤鯓代天府、鹿耳門天后宮廟埕前之門，都稱為山門，但也有些寺廟不稱山門，僅稱牌樓，艋舺龍山寺便是典型的例子。

山門既為寺廟的第一道門，當然也成了寺廟的門面，不少寺廟都相當重視它的格局是否輝宏，結構是否特殊，型式是否足以吸引人，稍覺寒酸，莫不紛紛拆除重建，因而近年來的山門日益朝向豪華巨觀發展。有些在村落中，或在巷道中的廟宇，為了吸引善信，都會在重要的路口前，設置規模龐大、美輪美奐的山門。

●關仔嶺大仙寺的山門。

石燈座

有些寺廟在廟埕之前或進出廟宇的通路上，會設有一對對的石製燈座，稱為石燈或燈台。石燈座大多為四方柱基座，上面斜頂小屋造形石雕物，四面都留有圓洞，洞中有一凹槽，早年可用來放置油盤，以利晚上點燈。有些廟前的燈座，為防風將油燈火吹熄，四邊的圓洞外，都裝置有玻璃。晚近都改用電燈後，玻璃也隨著取消。

襲自日本神社入口設施而來的石燈座，顯示了台灣文化受到日本文化影響的一面，當政者喜歡把這種現象解釋為外族的侵略，事實上它是海洋文化容易接納外來文化最典型的特徵，而這正是台灣文化最獨殊的一面。

●石燈座現今已愈來愈不易見到了。

五門與三川門

寺廟的正面，往往是決定格局與規模的重要關鍵。主要的出入口愈多，表示廟格愈高，民間有所謂帝后級的廟可開五個門，將帥王爺級的廟只能開三門的說法。

開有五個出入口的寺廟前殿，稱為五門，也就是因為五個門而得名，後來一般廟宇的前殿正門，也都通稱為五門。

不論三門或者五門，中間主要的出入口則稱為三川門。大體而言，三川門並不供善男信女們進出，僅在迎神賽會時打開以迎送神明，或有達官貴人蒞臨，「開中門」以示隆重迎接之意。

三川門為寺廟最重要的門，門前的裝飾自然相當繁複且豪華，並必有一對龍柱為伴，門前大多設有雕鑿雲龍圖案的御路石，表示一般人不能通行，但也有僅設台階者。

●埔里孔廟，堂堂皇皇設了五門。

▲馬公城隍廟的三川門，設有柵門不讓人們進出。

◀鹿草圓山宮，中門是開放的。

拜殿

台灣的寺廟，除簡單的土地公廟及有應公廟，多為兩殿以上之格局，最前的一殿，通稱三川殿，也稱拜殿，隔著天井和正殿遙遙相望。有些小廟雖無天井，也在正殿前搭一遮風避雨之所，方便善信祭祀，都屬廣義的拜殿。

三川殿因大門稱三川門而來，拜殿之名因人們平常都在此處擺置祭品祀神祈福而生。拜殿的規模大小不一，中都置有供桌，兩側或祀有配祀之神明，善信入廟後，一般都在拜殿擺好祭品，點燃香燭祭拜禱祝之後，再依序到正殿、側殿祭拜。

拜殿其實也是寺廟最早和信徒接觸的地方，具有接待、休息、整理與祈求的功能，一般都以淨雅親切為主，擺設相當簡單，供桌兩旁僅有點香之燭台，牆邊或擺有長板凳，供附近民眾休憩、閒聊之用。

●新店永業路的小土地公廟，也設有拜殿。

●龍虎門就是左右兩個門。

龍虎門（廳）

一般規模大的寺廟，三川殿的左右兩側，都建有兩廳，左邊的稱為青龍廳，右邊的為白虎廳，廳前之門便稱龍門及虎門。

傳統的風水觀念中，有前朱雀、後玄武，左青龍、右白虎之說，寺廟的龍虎廳及龍虎門，顯然是受到這個觀念的影響，龍門位尊，虎門位卑的不同價值也因而自然衍生。

平常寺廟拜殿前的三川門並不打開，一般人出入都靠龍虎門，龍門為入廟之門，虎門則供出廟之用，如此也可使善信們出入有序，不致擠成一團甚至因拿香而燙到別人。新春到寺廟行香，老一輩人都會特別注重這個次序。

龍虎廳中，一般都不放置任何東西，專供善信出入之用，也有些寺廟祀有挾祀神，城隍廟則祀黑白無常或大小鬼，警告人們進入此門，一切都歸這些鬼王掌理。

●龍虎門廳內外，常是人們休憩或孩子嬉戲之所。

青龍白虎壁

要辨識龍虎門，最簡單的方法就是看門前的壁堵，只要是龍虎門，壁上必有用刻、用雕、用彩繪或者用嵌的青龍和白虎，稱為青龍壁和白虎壁。

●青龍白虎壁，就嵌在青龍白虎門之旁。

各廟因建築流派以及匠師的不同，青龍和白虎的造型、顏色並不相同，但必有龍虎之形貌，且龍頭朝內，虎首朝外，乃象徵進龍送虎，也就是希望帶進來的，都是祥瑞之兆，送出去的，則是凶禍之神。

民間對於龍虎門的重視，顯然來自這兩種動物不同的象徵意義，帶來安定喜慶的，自然人人喜歡，反之也就難怪被人厭棄了。

正殿

正殿也叫做正身，為寺廟供奉主神之所，更是寺廟中最精華、最重要的地方。

每座廟宇規模並不相同，可分為單座、兩殿、三殿及四殿式。一般而言，單座式本身即為正殿，兩殿式後者為正殿，三殿及四殿式，大多以第二殿為正殿。除了主神之外，正殿同時也有供奉其他許多協祀神以及旁祀神；主神的重要部將、護法或者使役，一般也都立於神龕兩側，此外，還可能暫奉一些附近善信請到廟裡祭祀的神明，如果是元廟或祖廟，殿中還必須留下許多空位，供每年香期時，返回祖廟謁祖的分靈神暫駐。

為了保持正殿的莊嚴肅穆，許多寺廟都劃出特別的區域不讓人們出入，善信只能在正殿香爐前焚香膜拜，遇有祭典時，殿中之地則為僧道誦經作法之用。也有較開放的廟宇，並不限制善信在正殿活動，卻絕對必須保持虔誠肅穆的心情與行為。

●基隆指玄宮的正殿。

天井、台基與露台

拜殿與正殿之間，一般都有一個露天的方形或長形的空間，稱作為天井，原始的用意有二：一是區隔兩殿，二是增加採光。現代許多寺廟都將天井搭上透明的頂蓋，方便善信們在天雨時擺置祭品。

除了以天井做為區隔之外，正殿一般都建有稍高的台基，使得這個建築物在整座廟中顯得最高，人們要到正殿上香時，往往要爬幾層階梯，以寓登高崇聖之意。

各地寺廟建制不同，台基或高或低，有些在尾身四週還留有通道，供人們活動，更有些廟將正殿前的台基擴大，成為一個方形或長形的完整空間，以擺置天公爐或供祭祀之用，孔廟則充作跳佾舞之用，這個高出天井，和正殿呈平面的空間，因沾得到露，一般稱作露台，也有人稱它作月台。

●拜殿和正殿中可見天的地方就是天井。

●馬公天后宮的正殿台基甚高，前正好置御路石。

●台北指南宮的御路石，誇張地雕了一條盤龍。

御路

不管正殿的台基是高或低，一般都設有兩座階梯以供民眾通行，相傳是沿自中國周朝的規定而來，左邊的叫東階，為主人之用，右邊的叫賓階，供賓客行走。

兩座階梯之間，則為一騰龍狀的石雕，斜置於地面與台基之間，這塊多為石雕製的騰龍或龍頭狀的石座，稱作御路。相傳沿自封建社會的皇宮建築，僅皇帝才能通行其上，一般人當然沒有資格踩在龍頭之上。

民間的寺廟，為顯示崇聖的地位，紛紛建有御路，清代時相傳地方子弟若中舉返鄉，廟宇都會大開中門以示歡迎，並請他登御路而入廟。如今這種情況也沒有了，御路僅餘裝飾的功能，有些寺廟怕遭破壞，甚至加上鐵條保護，密密的鐵條就真的把騰雲之龍，困死在台基之下了。

後殿

寺廟正殿後方的房子，稱為後殿，大體而言，規模及形制都較正殿為小，奉祀的神明並不一定和主神有關，神格也難分高低，但以同一間廟而言，重要性一般都大不如正殿之神。

後殿與正殿供奉神明的關係，大致可分為幾個典型：一、供奉正殿之神的親屬，如正殿奉媽祖，後殿奉聖父母。二、供奉同祀之神，如正殿奉觀世音菩薩，後殿祀媽祖，彼此間毫無瓜葛，寺廟同時供奉不同的神明，主為吸引更多的信徒。三、後殿充凌霄寶殿之用，如正殿奉該廟主神，後殿權充凌霄寶殿，供奉玉皇大帝。四、供奉城隍爺、東嶽大帝或可供問事之主神，許多寺廟的後殿，都存有善信求神問事之所，人們在正殿僅能祈神，若要求神解決疑難、改運，甚至是落地府、探花樹，都必須在後殿才得請法師行之。

●台北龍山寺的後殿供奉有媽祖等諸神。

●台南東嶽殿的後殿，爲專行打城、超渡之所。

鐘鼓樓

鐘及鼓原為佛寺早晚報時的器物，俗謂暮鼓晨鐘，意指清晨敲鐘，夜暮擂鼓，以為僧人日常作息的指標。

台灣早期民間通俗的寺廟，並無鐘鼓之設施，後來受到佛寺的影響，許多寺廟都添增了鐘及鼓，一般都擺在正殿兩側，左鐘右鼓。清中期以後，許多寺廟為了添增外觀的華麗與壯觀，常在前殿與正殿間的兩側殿興建鐘樓及鼓樓，俗稱為鐘鼓樓。

專為放置鐘及鼓的鐘鼓樓，並非寺廟的必備品，且因距離正殿大多有一段距離，或在廂房之上，人員出入並不大方便，實用的價值較低。許多建有鐘鼓樓的寺廟，正殿中仍置有鐘及鼓，若有善信請神謁祖或返駕時，馬上就可以敲鐘擂鼓，以為迎接或歡送。

●一般寺廟，都在正殿兩側擺置鐘鼓。

●台北龍山寺古色古香的鐘鼓樓。

雙龍搶珠與三仙

台灣的寺廟，採南方的建築型式居多，這類的建築，屋頂上的裝飾非常的繁複，有些甚至整個屋頂密密麻麻都是裝飾物，令人眼花撩亂。

繁多而複雜的裝飾物中，以正脊上的飾物最為重要，普遍的型式大概可分為三種，一是福祿壽三仙，有些地方在三仙之旁還加上雙龍或雙鳳；二是雙龍搶珠，乃在正中塑一火珠，雙龍盤踞兩旁；三是雙龍拜塔，則只是把火珠改成寶塔而已。

有些寺廟在正脊之下，另有一條尾脊，稱作西施脊，脊上則塑八仙或麒麟、鳳凰、鰲魚……等靈獸居多，西施脊主要的作用是加高正脊，以示隆重崇高之意。

正脊之下的左右兩脊，稱作垂脊，尾端也多有裝飾物，簡單的僅作鯉魚吐水、鳳凰展翅、或者水龍、花鳥，繁複者則分塑八仙人物，或走或騎、或臥或立其上，充份表現出民間工藝的精湛與巧思。

●南方建築的屋頂，雙龍最爲常見。

●現代的仙人走獸，已全無節制。

仙人走獸

台灣的寺廟，也有少部份採北方宮殿式的建築，屋頂多採用大片琉璃瓦覆蓋，裝飾性的東西相對地少了許多，僅在正脊上有正吻，垂脊上有垂獸，戧脊上有仙人走獸及戧獸…等。

正吻為龍頭形的瓦作飾物，像是張大口咬住正脊一般，正吻之上另有扇形的劍把及背獸裝飾，吻下左右垂下的是為垂脊，由垂獸收尾，垂獸之下稱作戧脊，仙人立於脊之尾，然後是走獸，最後由戧獸押陣。

舊制中的走獸，最多有十獸，依序是龍、鳳、獅、天馬、海馬、狻猊、狎魚、獬豸、斗牛以及猴子等。皇宅宮庭才能用十獸，諸侯皇戚用前九獸，公卿貴族用七獸……依序最低僅用三獸。不過現今這種規定已完全不存在，有些地方蓋座涼亭都用五獸、七獸，大廟的正殿上，用九獸、十獸的例子經常可見。

金爐

通俗信仰中，焚香燒金是最典型的祀神之禮，金紙代表獻給神祇的財帛，必須要焚燒之後，神明才能接受得到，寺廟中也都建有金爐，供善信焚燒金紙之用。

金爐的規模，雖有廟大金爐大，廟小金爐小的規矩可循，卻也有許多例外，至於形制，更沒有規範可循，圓形、方形、六角形、八角形……，兩層、三層……皆有之，燒金的爐口也從三個到六個不等，尾頂則大多屋塔狀，最頂的地方有一煙囪，塑成葫蘆形式或李鐵拐坐鎮，主要的用意乃借葫蘆或李鐵拐的通天之能，將這些金紙化成之煙，上昇送達上天，供諸神享用。

●北港財神廟造型特殊的金爐。

除了固定的金爐，許多大廟為應香期期間，善信眾多，金爐不夠使用，也會在廣場上用磚疊成圓形狀，作為臨時之金爐，供善信燒金之用。苗栗縣大湖的昭忠塔，不僅設有金爐，另設有銀爐，專供燒銀紙之用。

惜字亭（爐）

少數寺廟的廟埕上，建有兩座造型幾近完全一樣的爐亭，許多善信不明究裡，都把它們當作金爐焚燒金紙，其實是不正確的。廟前若有兩個爐亭，只有其中一個是金爐，另一個很可能是惜字爐。

傳統士大夫的觀念中，認為文字是文明的化身，書寫過字的紙，便有文明之神，不得隨意丟棄踐踏，必須收集起來，放進專門焚燒字紙的惜字亭中焚燒，讓那些字能夠「過化成神」，回昇上天。

受到傳統惜字觀念的影響，許多寺廟也都建有惜字亭，亭的造型、規制大多仿照金爐而建，舊時的人們並不會弄錯。現代社會惜字觀念已薄，許多人根本不識惜字亭為何物，見到爐亭便拿金紙去燒，燒對燒錯也沒人去管。

其實只要識字的人，辨識惜字亭並不困難，亭上大多明確地寫有「金爐」或「惜字亭」之類的字樣。

●美濃鎮上的惜字亭。

●大溪蓮座山觀音亭擁有一座古色古香的惜字亭。

旗杆

旗杆是舊時仕官表現特殊身份地位之表徵。台地許多巨宅富第，院前都設有旗杆，乃因科舉舊制，凡中舉以上的人，必須返鄉豎立旗杆，並告慰祖先、光耀門楣，後逐漸為民間信仰替用。至今保有旗杆的古宅漸少，武將神格的廟寺，卻紛紛設立旗杆，遂成台灣民間信仰之一物。

設置於寺廟前庭左右兩側的旗杆，大多以原木為材，高度各廟皆不相同，大多視「神意」而定。旗杆上設有旗斗，傳為中國的明太祖朱元璋為報燕雀賜食之恩，桿上設斗放置穀糧供飛禽食用而來，後來逐漸演變為食朝廷俸祿、受皇帝節制之意。

旗斗分方、圓兩種，方斗代表仕宦之身，斗高愈高表示官愈大，圓斗寓天地圓滿。至於神廟中的旗杆，上為圓斗，象徵通達上天，下方為方斗，可招安五營兵馬以及附近諸神，也有僅設方斗，上通天庭，下達地界者，並沒有一定的規矩可循，完全視各廟主事者的意思（或神意）決定。

●澎湖後寮威靈廟的旗杆，僅設兩個方斗。

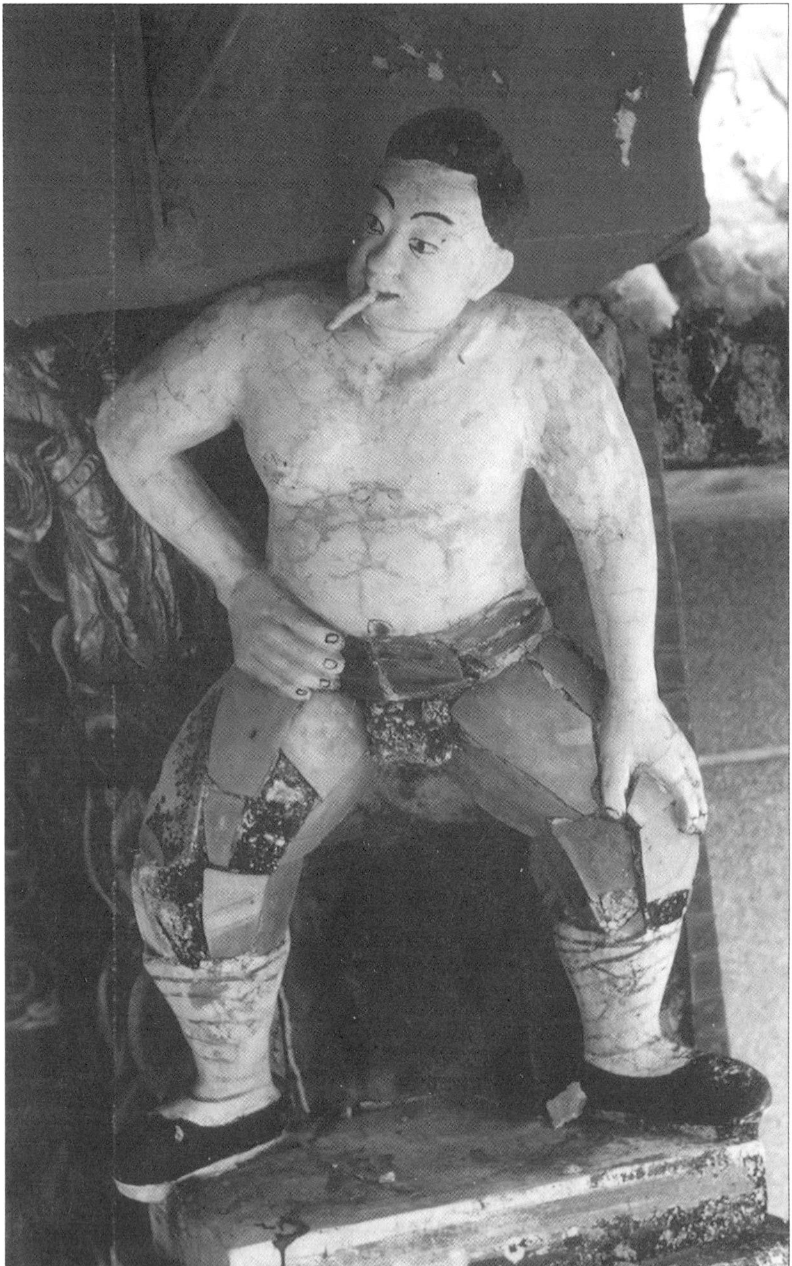

●近代新塑的憨番，嘴角還叼一根煙。

憨番扛廟角

寺廟山牆靠近簷口的地方，稱為墀頭，許多的寺廟皆塑兩個造型奇特，貌似外國人的人物，像是吃力地扛著廟頂，也就是俗謂的憨番扛廟角。此外，另有立於樑下的憨番擎大杉，都是民間用人物造型來替代斗拱或瓜筒，承啓樑柱的結構，造形突出又富有民俗意味。

無論是扛廟角或擎大杉的憨番，各廟的造型絕不相同，有捲髮，有金髮，有赤身，有穿西式衣服，有口含煙斗，有手捧元寶、貫錢……端看設計匠師的手法決定，唯一的共同特色是都是非我族類的他籍人士，有說是荷蘭時代留下的黑奴，有說是未及逃走的荷蘭人，甚至是原住民中的小黑人，或者平埔族人……。

漢人的廟宇，特別用「憨番」來扛廟角或者擎大杉，相傳是因為漢人拓台的過程中，遭受到原住民的攻擊，卻又莫可奈何，只得把原住民塑成又黑又矮的形貌，並罰他們永遠扛著廟角。此外，也表現出漢人唯我獨尊，他族人只能從事勞役工作的沙文主義心態。

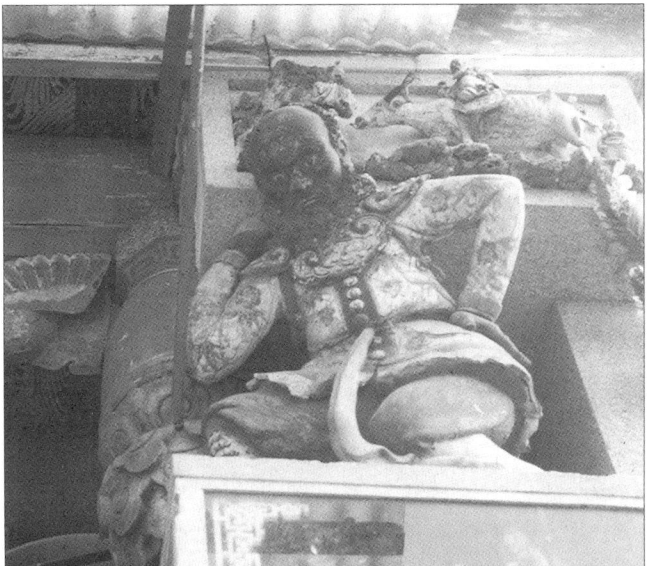

●著名的交趾燒大師葉王所塑的憨番。

●內埔媽祖廟的門鼓，上雕吉祥紋飾。

門鼓

門鼓俗稱抱鼓石，為立在門框前圓形如鼓狀的門枕石，一般寺廟正殿及三川殿前的門上，經常都可見到。

以石為材的門鼓，結構可分為三部份，底部為長方形的基座，中段則為梯形或矩形身，上段才是圓形的鼓。由於藝師不同，門鼓的作法也大不相同，底座和身或雕花鳥人物、或雕吉祥圖飾；鼓面或呈外凸的螺紋線條，或者圓弧如鼓面狀，精緻者雕飾盤龍及花草……完全視藝師的巧思而定。

原本為穩固門框，避免門柱晃動的門鼓，也有人解釋為風鼓，有替入廟之人洗塵之作用，如今成了一般寺廟正面最搶眼的裝飾物，平時更常是孩子們爬上嬉戲之所，慶典廟會期間，則成了人們的瞭望石，站在上面，正可一觀廟會最精彩的活動。許多老廟的門鼓，本身雕飾便極為精美，加上人們的攀爬撫觸，形成流暢光滑的感覺，早已成為寺廟的鎮廟之寶。

●台北龍山寺的門鼓，上雕有精巧的盤龍圖案。

石獅

石獅也是寺廟中常見的雕飾物，它原始的功能和門鼓相同，都為穩定木板門框，不致因經常開關或風吹雨打而搖晃，同時也兼有美觀、鎮守廟門，甚至還有歡迎訪客的功能。

石獅和門鼓的功能重覆，有門鼓的門框自然沒有石獅，有石獅之處也容不下門鼓，但有許多廟的三川門，中門置一對石獅，兩旁門設兩對石鼓。石獅都以雌雄為一對，一般雄獅都開口含石珠，腳踩繡球或金錢，母獅則閉口，右前足逗弄著小獅子，有些母獅不帶小獅子，則以左雄右雌分辨，或以開口與否判斷。開口的都是公獅，母獅則僅有閉口的份，充份反映出傳統社會中，女性完全沒有發言權。新近中南地區，有些寺廟新刻的石獅，則將生殖器寫實刻入，雖可直接分辨性別，卻顯得粗俗不堪，令人反胃。

●具有百年歷史的宜蘭天后宮石獅。

門神的傳說

門神屬於物神崇拜的民間信仰，封建時代的天子五祀，門神為其中的一項，顯因祂替人們鎮守門口有功而受到重視。

民間傳說最廣的門神，是秦叔寶和尉遲恭（或說胡敬德）兩人，他們之所以成為門神，有一則相當有趣的故事：

唐朝時涇河龍王，因延誤行雨致使地方大旱，人民無以維生，玉皇大帝大怒，命唐太宗的宰相魏徵處斬，龍王得知消息，趕緊向太宗求援，皇上答應了，用計將魏徵留在身邊，想拖過處斬時間便安全了，沒想到魏徵人留在身邊，卻以入睡讓靈魂逸走，照舊將龍王斬首。自此以後，龍王每於夜半時分親向太宗索命，皇帝受不了這種驚擾，命文武百官設法，秦叔寶和尉遲恭兩人自願著全副武裝替太宗守門，龍王的幽魂果然不敢再來，唐王認為兩人的威儀足以懾人，乃命畫師將兩人繪於門上，以護衛家宅的安寧，此後宮廷寺廟，甚至家家戶戶都仿繪之，門神也就因而誕生了。

●澎湖西嶼民宅上的神荼鬱壘。

門神的種類

台灣一般的民宅，絕少繪有門神的圖像，家廟或寺廟所繪的門神，人物相當的多，每種角色都代表不同的意義。

寺廟門神的不同，主要因宗教的不同與主神神格高低等因素而生，最普遍的門神是秦叔寶和尉遲恭以及鬱壘和神荼，後兩神傳能制服鬼，並用葦索縛綁之餵虎，都為一黑臉一粉臉，分執金瓜斧鉞，威風凜凜立於門上。

上述的武門神，僅王爺相類神格的廟才能使用，地方角頭廟或者土地公廟，都只能用男女侍神，這些侍神手上所捧的東西，都有特別的寓意，如牡丹和酒杯，謂「富貴進爵」，官帽和鹿，謂「加官晉祿」，仙桃和石榴，謂「長壽多子」，香爐和茶壺、杯子，謂「獻香晉福」，花和花瓶，謂「平安富貴」……，另也有捧印和持劍者，為主神的劍童和印童。

●民間最常見的門神圖像。

如果在城隍廟，還可能請文武差，牛頭馬面來當門神，一方面顯示廟的特色，再者更添威嚴氣氛。

●象徵加官晉祿的門神。

特殊的門神

除了護衛與吉祥的寓意，少數的寺廟也會出現其他特殊的門神，二十四節氣門神和三十六官將門神，則是特殊的門神中，較常見又寓有豐富含意的。

由立春、雨水、驚蟄、春分、清明、穀雨、立夏、小滿……等二十四節氣的象徵之神組成的二十四節氣門神，僅在台南市少數的廟宇出現，且都繪於左右兩側門，四扇門分繪四季的門神，代表四季流轉之意。由於二十四節氣神本就不易見到，更顯得特別珍貴。

三十六官將，乃是保生大帝的部將，因而僅在保生大帝廟可見到，一般也分立在兩側門的四扇門上，官將中有男有女，有文有武，每人都騎一靈獸，表情動作完全不同，相當熱鬧好看。

●台南市鹿耳門鎮門宮，由林忠信彩繪的現代門神。

●台南市區仍可見到的二十四節氣門神。

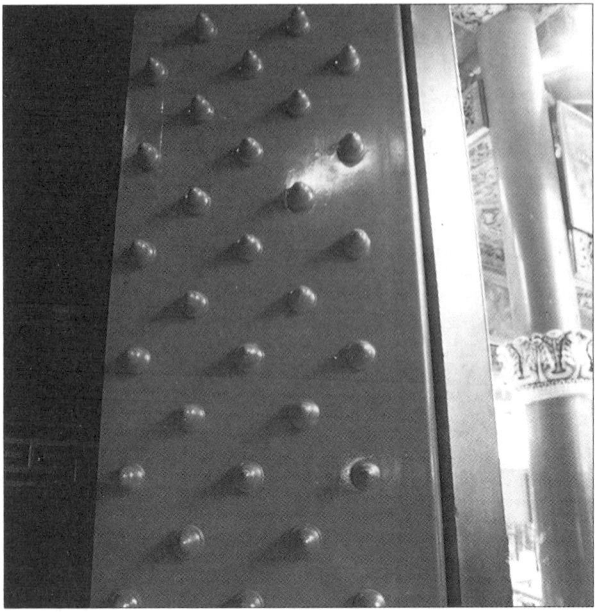

●門釘在許多現代寺廟都可見到。

門釘

台灣的寺廟中，有些具有帝后神格的大廟，以及官建的廟宇，如孔子廟、武廟以及台南的大天后宮……等，大門並不繪製門神，而用一顆顆圓形凸起的木塊代替，謂之門釘。

圓形如乳房狀，中還有一個小頭的門釘，由於造型和乳房頗為近似，也被戲謔者稱為乳釘，實為極大的謬誤。門釘乃象徵尖銳之物，妖魔鬼怪都不得接近，後漸轉為現今渾圓的造型，更添宏偉與氣派。

門釘數目，古制為一百零八個或八十一個（指兩扇門加起來的數目）。前者為三十六天罡與七十二地煞的總合，表示禮制之大者；八十一則因九九（久久）而生，意義自為隆厚。然而，這種體制早已被打破，許多廟不論格局紛紛用起門釘，數目則多達一百四十四個，甚至有多達二百一十六個者。

風調雨順門神

儘管台灣的許多佛寺，都混有道教的信仰，然而，佛教的寺廟，在許多地方仍堅持某些特色，門神便是其中一例。

大體而言，佛寺的門神，以伽藍護法、四大天王和哼、哈二將最具特色。伽藍護法本就長隨佛陀左右，此外，關公、韋馱也可以是護法之一。紫臉的哼將和赭臉的哈將，也是常見的護衛，哼將為那羅延天界力士，哈將為密遮金剛力士。

四大天王則是台灣的佛寺中最常見也最為搶眼的門神了。持長劍的是南方增長天王，劍鋒寓意「風」，西方廣目天王手抱琵琶，代表「調」，北方多聞天王，所持的雨傘，代表「雨」意，東方持國天王手持銅環，象徵「順」意。四大天王正好代表風調雨順，自然廣受歡迎。甚至有些通俗信仰的廟宇，也會請四大天王鎮守在廟門，以祈境內風調雨順，國泰民安。

●花蓮縣東里大庄觀音寺的風調雨順門神。

楹聯

楹聯也就是對聯，廟中的門上、柱上、窗上……幾乎處處可見。相傳最早沿自於春聯，除了寺廟之外，祠堂、城門、家宅也常可見到，或者直接刻在石板上，或者刻寫在竹或木上，或者用書寫的方式，寫在柱壁上，更有用金箔或者其他質材，貼在牆壁上。

台地可見的楹聯，依出現地點的不同，內容也有所不同，大體可分：沿革、故事、應制、廟祀、勝蹟、格言、佳話、集句、雜綴、警世、諧語……等類別。寺廟的楹聯，以廟祀、沿革、故事、警世、勝蹟等類居多，三川門的中門，大多解釋廟名或廟祀，其他的聯對，則常解釋寺廟的沿革或所奉祀之神。台南縣官田鄉隆田復興宮內的兩對聯最為特殊「阿尊太上神靈永護平埔族，立祀祖宗聖德恒霑蕃仔田」「阿祖開基運啓原來拉雅蕃，立祀留遺人間現代稱隆田」，清楚說明這座廟由平埔族公廨轉為漢式廟宇的歷程。至於一般廟宇後殿或廂房中所祀之神，神號大都嵌在神龕的聯對上，（第一個字或最後一個字），善信們可藉此確認供奉的到底是什麼神。

至於警世的楹聯，最著名的首推彰化城隍廟三川門上的「好大膽，敢來求我；快回頭，莫再害人」。

●台南官田復興宮廟內的對聯。

匾額

匾額雖然不是和祭祀行為有直接關係的物品，卻是每廟必備之物。無論是三川門、拜殿、正殿、側殿、後殿之頂上，只要抬頭大多可見到各式各樣的匾，有的清代至今，歷史悠久，有的原木雕成，古色古香，有的高官新獻，金碧輝煌，甚至連山村角落的有應公廟，抬頭一看都有善信所捐紙匾，上書「神威顯赫」或「有求必應」字樣。

大體而言，匾額可分為立匾和橫匾，立匾大多掛在三川門處，書寫廟名為多，橫匾則處處可見，多為描述，稱頌神靈的威赫與靈驗，又因主神的不同，而有明顯差別，如天上聖母廟多見「神昭海表」，觀世音菩薩殿常見「慈航普渡」，神農大帝廟最多「物阜年豐」，王爺廟中則多「威靈顯赫」……。捐匾者依廟格的大小有明顯的差別，人羣大廟常可獲得皇親高官的賞賜，且常多得無處擺置，角頭小廟的匾額，往往只是「本鄉弟子仝立」。

無論大廟或小祠，都希望盡量去求得一些高官或民意代表所獻的匾額，主要是匾額具有背書的作用，可藉以吸引信徒，也就難怪有人偽造古匾，有人想盡辦法向省主席、行政院長以至於總統要匾。

●馬公天后宮古色古香的立匾。

文廟匾與警世匾

通俗信仰中的寺廟，匾額雖因主神的不同有所區分，卻沒有制式的規定，僅文廟的匾額，因和國家體制有直接的關係，有較不一樣的規矩。

自古以來，文廟都屬於官方祭祀中最重要的一環，廟中少有楹聯或其他文字，僅歷代皇帝（總統）得以在廟中賜匾，而所賜的匾又有不成文的規定，就是內容不能跟前人所獻的相同，這個規矩一直都被遵守著，直到近代才被打破。

司法神的廟中，必定可見到許多特殊的警世匾額，如「爾來了」、「善惡有報」、「天算人算」……之類的，除了顯示出寺廟主神具有緝惡揚善的職司外，同時也藉此警告世人，每一個人的所做所為，終究有一天還是要自己負責的。

●頭城城隍廟高掛着「彰善癉惡」匾。

算盤

台灣的城隍廟中，經常可看到算盤，原本只是少數幾間廟，擺置以為警世的東西，由於頗引人注目，許多廟紛紛仿效之，至今幾乎已成台地城隍廟中，不可或缺的一部份。

城隍爺是司法神中，管轄最廣、法力最強的一位，民間的是非善惡，都直接歸祂審理。城隍爺除了緝惡除奸之外，更重要的是勸人為善，算盤的作用，就是要告誡世人「千算萬算，不如天算」，為惡之人如果不肯及時悔改，有一天所有的罪過還是要算到自己身上。此外，也有一種說法是城隍爺用來核算人間是非善惡的法器，只要祂隨手彈上兩珠，任何人的過錯都無所隱藏。

天算神算的算盤，比起實用的算盤，都要大上數倍或數十倍，擺置的地方大多在拜亭或三川門背後的門楣上，目的不外乎一進門便心生警惕，或者出門前，頭上的算盤像是叮嚀著：「幾何代數留今古，乘法歸除定是非」。

善惡權由人自作
是非莫定法難容
幾何代數留今古
乘法歸除定是非

●台南城隍廟掛的大算盤。

戲台

台灣人傳統祀神的方式，除了準備豐盛祭品，虔誠焚香燒金，演戲酬神也是頗為重要的一項，且過去社會缺乏娛樂，酬神戲更是人們最佳的消遣，寺廟請戲演出的機會自然較多，戲台也就是專供演戲的場所。

寺廟前的戲台，分為臨時及固定兩種，臨時乃演戲之前，雇工用鐵架搭建，演完也隨之拆除，一般小廟或經濟條件稍差的廟都採這種方式。固定的戲台則為寺廟建物的一部份，大多建在前殿或廟埕上，早期建在前殿的戲台，型式完全相融於廟中，成為傳統寺廟建築中的一大特色，鹿港龍山寺的戲台，便是典型的一例。後來才增建的戲台，大多建於廟埕上，型式與建材也不大考究，多以方形為主，水泥砌成，台分前後兩部份，前台供表演之用，後台則為演員化粧、休息、吃飯及睡覺之所。前後台間設有兩門，門上大都上書「出將、入相」，宜蘭縣頭城鎮喚醒堂前的戲台，卻別出心裁地寫着「出馬、歸羊」，顯然是希望演員們出場時如駿馬般奔馳全場，直到筋疲力盡才如溫馴的羊般回到後台。

●頭城喚醒堂戲台上的出馬歸羊門。

▶水泥建成的固定戲台。

▼為演戲而搭的臨時戲台。

石雕、

寺廟裝飾物中，石雕應為最主體的一項，舉凡石獅、門鼓、龍柱、御路，壁堵、台基、石礎……幾乎處處都可見到石雕。

台灣本身並不產石，早期的石材都來自中國沿海地區，因具堅實、穩固、耐久等優點，民間寺廟乃大量以石為材，使得台灣的石雕工藝相當的發達。由於石材較重，大都立於基座及下半部，上半部則採用大量的木頭，同時也加以雕刻，使得台灣的寺廟，處處可見到雕刻藝術。

寺廟的石雕，多以大件物品為主，也分淺雕、浮雕、六面雕以及透空雕等多種。基座屋角常見淺雕作品，僅表現出花鳥人物的線條而已，壁堵則常出現立體的浮雕或透空雕，以生動地敘述一則演義故事或描繪歷史人物。至於龍柱、石獅等，也都是重要的六面雕作品，換句話說也就是完全立體雕刻而成，無前後之分，任何一面都可欣賞石雕的藝術。

●石雕的好壞，完全取決於藝師的手藝。

●頭城媽祖廟優美動人的石雕。

竹、木雕

台灣自古是個森林之島，所有的建材之中，以竹和木取得最方便，寺廟的裝飾物中，最常出現竹雕或者木雕作品。

大體而言，竹因受到質材限制，大體只雕作楹聯，掛在廟中的柱上。木雕表現的範圍，幾乎可說是無所不包，從建築結構中的雀替樑柱、花籃吊桶，到門窗供桌，都是木雕表現的地方。

木雕的表現，大體可分為淺雕、浮雕、縷空雕等多種。除了建築結構中的斗拱、雀替、藝師們表現各種絕妙的技藝與巧思外，廟中的花窗，也是木雕藝術發揮得最透徹的地方，馬公天后宮、宜蘭昭應宮……等廟的門窗，都可謂是代表性的傑作。

內殿的圍欄、神案以及供桌，大多也是木頭製品。藝師們總要在欄柱上刻出琴棋書畫或者花鳥人物，供桌前則刻龍鳳圖案或騰龍之狀，以取代桌裙。至於神龕前後的雕刻，常可見到雕塑了九條龍，俗稱九龍龕，每條龍狀貌不一，姿勢互異，以襯主神的威嚴和氣勢。

●木雕在寺廟中處處可見。

▶一般寺廟的木雕，都要再加上按金處理。

▼宜蘭天后宮的原木雕刻，古色古香。

●彰化元清觀優美拙樸的磚雕。

磚雕

寺廟的裝飾物中，磚雕並不普遍，顯然跟其容易破損有重要的關係，中部地區某些寺廟受到民宅普遍使用磚雕的影響，較常用來做為牆角，壁堵下方以及正身外牆的裝飾物。

俗稱為磚刻的磚雕，和燒窯的技術有密切的關係。主要的製作方法有二，一是在土壤上刻上花鳥或人物，再送進窯中燒成，一般具有裝飾紋路的磚頭，都用這種方法製成，但製作大型的東西常會變形，因此最常用在裝飾性的邊紋上。第二種方法，是先燒出需要尺寸的磚塊，磨掉變形扭曲的，再慢慢雕刻成所要的東西。因磚塊易碎，一般都僅能淺雕，題材大體不脫演義傳奇以及花鳥人物。

清中末葉出現的磚雕工藝，至日治時代已近絕跡，如今已經沒有專人從事這種工藝的創作了。

交趾陶

寺廟的裝飾物中，廟內的壁飾，除了石雕和彩繪，更有交趾陶。這種普遍性不及其他工藝，分佈的地區大多在嘉義、台南為主的工藝品，由於造型生動、顏色華麗、手藝精妙……等優點，一直被譽為台灣國寶。

清中葉始在台灣盛行的交趾陶，乃為低溫燒製的陶藝品，一般都以小窯燒製，用釉不同於一般的陶瓷品，最能表現出多彩調和、鮮艷不俗的獨到色彩。尤其是葉王大師嶄頭露角之後，葉王幾乎已成了交趾陶的代名詞。大師一生作品無數，至今仍有多件留存在嘉南地區的寺廟之中，所傳及再傳的弟子更能繼承衣缽，不斷創作出令人驚讚的作品。

一般的交趾陶作品，常在山牆、博脊、屋椽、墀頭以及廟內的牆壁上出現，題材大多取自演義小說、神仙人物或者龍獅靈獸，每位藝師的風格並不相同，或者寫實生動，或者拙樸可愛，或者色彩調和，或者細膩傳神……無論什麼樣的特色，都是交趾陶難以被取代的優點。

●學甲慈濟宮保有許多清代的交趾陶。

●彰化元清觀改建後，用交趾陶做爲牆上壁飾。

剪黏

南方型制的寺廟建築，屋頂繁複而多樣的裝飾物中，大多為剪黏作品。

簡單的說，剪黏乃是利用各種不同顏色與弧度的磁片或瓷片，黏貼在已塑型完成的造型上，而成一完整的工藝品。傳統的剪黏，必須先燒製黃、青、紅、白、黑等色的瓷器或瓷碗，將之打破後做為主要的材料，剪黏之前，還必須用鐵條及石灰塑成預定的造型，以石棉和糖水製成的黏劑，一片片黏貼在造型上，完成之後便成一尊精妙鮮麗的花鳥人物或飛禽走獸。

近年來，質材上有許多改革，其中最關鍵的莫過於彩玻璃的興起，五彩的顏色取代了傳統的瓷片，讓寺廟的屋頂多彩燦爛。此外，在題材人物方面，雖然大多仍取材自歷史典故或神仙人物，卻也出現反應現代社會風貌的細節，如關公坐看《三民主義》一書，或者手持國旗的福祿壽三仙……。這些變化與創新，可惜卻沒有讓剪黏的藝術更上層樓，真正令人讚嘆的精品，大多是清末葉何金龍等名師的作品。

●中營媽祖廟屋頂的剪黏。

泥塑

泥塑品在傳統的建築中，雖然精美的程度和藝術價值都不及其他作法，卻有價廉易施工的優點，一直擁有重要的地位，寺廟常用來塑大型的壁飾，左營舊城兩尊滄桑古老的門神，正是典型的泥塑作品。另外許多民宅屋頂的魚型排水口，金爐上的李鐵拐等，大多為泥塑品。

傳統的泥塑，以石灰、紅糖、糯米和海菜粉……等為材料，塑成所需要的人物或圖型後，再塗上鮮艷的彩繪便成，雖然製作簡單，但現今擅於此藝的傑出藝師並不多見。

近年來，改型中的台灣社會，也出現了現代派的泥塑，也就是用水泥為材，再貼上瓷磚的泥塑製品，由於快速廉價，許多地方性的寺廟都用來塑龍柱以至於神龕上的九龍龕。至於因廉價和快速，導致的粗糙和拙劣，雖令人扼腕，卻仍有許多地方根本不在乎成品的粗劣。

●泥塑品的藝術價值大體較低。

彩繪

寺廟中，除了門神及楹聯，其他許多地方的牆上、壁面，都可見到各式彩繪。

主要功能用以裝飾的彩繪，大致可分平塗、擂金、描金以及水墨彩繪等多種，最常見的為平塗和水墨畫。平塗彩繪「即以色面平塗而成的畫作，其特徵為注重二度空間（即平面效果）而不考慮透視消點。」（林會承《台灣傳統建築手冊》）。最典型的平塗，首推門神，此外許多神案彩繪或神仙人物畫像都屬於此類。

水墨畫則以傳統水墨畫表現的方式，塗繪於寺廟的牆壁上，種類多且題材廣，包括神仙人物、花鳥、林園、歷史故事、山水風景……等，寺廟藉著這些彩繪，或者述說忠孝節義的史蹟，或者闡揚二十四孝故事，甚至表現神仙人物的悠閒自在，還有山水花鳥供人怡情養性……。

除了典型的彩繪，有些寺廟也會在牆壁上書寫大型書法，如「忠孝」「節義」之類的，雖為單色文字，但書法的絕妙表現，實可視為彩繪的一種。

●彩繪主要是做爲裝飾圖案。

道家八寶

寺廟的建築中，常可見到許多象徵性的法器、寶物、器物以及植物等，每種東西都寓有深意，一般人卻難有機會了解其中的含意，實相當可惜。

寺廟常見的各種象徵法器的物中，主要有八仙八寶、道家八寶以及佛家八寶。八仙八寶為八仙手持之物。道家八寶也稱為雜八寶，為民間最典型的寓吉辟邪物，包括彩綢的方勝、保命的護心鏡、代表吉慶的磬、高貴的犀角、象徵文運的書以及辟邪的艾葉，再加上如意珠及辟邪錢等共八項。

道家八寶並不一定同時出現，或門神持之，或石雕浮現，甚至隱藏在樑棟、門窗上的彩繪中，另外也常在各式交趾陶或剪黏作品中可以見到。

●道家的寶物，往往是最好的裝飾圖案。

佛家八寶

佛家八寶一般都在佛寺中較常看到，八寶是以八種佛教常用的器物，來代表佛教的八吉祥。這些法器包括：象徵妙音吉祥的法螺、萬劫不息的法輪、曲覆眾生的寶傘、偏覆大千的白蓋、濁世無染的蓮花、福智滿具的寶瓶、解脫壞劫的金魚以及一切通明的盤腸。

八寶中以法螺為第一品，乃取其吉祥，以盤腸做結，乃象徵世代綿長。因而大多數的情形都是八寶同時出現，以助人解脫，同登福智圓滿，喜樂無窮之境。

台地的佛教廟宇，多香火廟而少叢林佛寺。一般的香火廟又受民間信仰影響頗大，普遍的裝飾或彩繪，大多從民間信仰中取材，較偏向民間信仰色彩，佛家八寶出現的機會，也就相對的減少了。

●佛家八寶中的蓮花、寶瓶、法螺以及法輪。

蟠桃與靈芝

寺廟種類繁多的彩繪及裝飾之中，經常可見到各式各樣的花木果蔬，以寓不同含意的吉祥喜兆。

種類繁多吉祥植物中，最具代表性的首推蟠桃與靈芝。蟠桃乃為王母娘娘獻壽而來，相傳產於崑崙山，三千年才開花，又要再花三千年才果熟，有幸得到蟠桃者，必能長生不老。現今神明壽誕或長輩生日，人們也會製作壽桃，乃祈長壽之意。

靈芝為菌類植物，民間傳說中，王者德仁，上品的靈芝才會出現，其餘一般所見都為次級品甚至是粗級品，儘管如此，民間仍相信食之仍可青春永駐、長命百歲。寺廟中常見彩繪或雕刻靈芝以為裝飾，主要是為了它所代表的靈氣與吉祥。

●蟠桃也就是壽桃，爲長壽的象徵。

瑞氣植物

人們祈神求仙的目的，除了吉祥福安，更希望能得到長壽，因而寺廟中常可見到許多象徵長壽和祥瑞的植物。

民間有「歲寒三友」之說，老松以靜延年，為長壽的最佳表徵；青竹音近慶祝，又因竹子瘦長，正代表又壽又長，此外也寓君子之風；至於寒梅，傲骨而又清香，象徵老而彌堅、風骨迷人。

柏樹雖不稱三友，卻常和老松齊名，民間謂：「松柏長青」，更是代表長壽最典型的植物之一。

經常被中醫用來入藥的枸杞，因花有長壽花之稱，枸杞自成返老還童、延年益壽的最佳瑞氣植物。

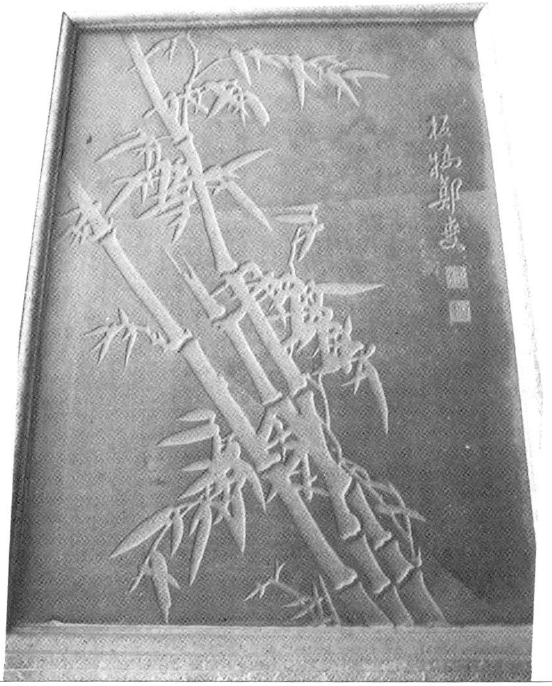

●南鯤鯓廟的石雕，刻的是鄭板橋畫的竹子。

吉祥花卉

寺廟中常可見到各式各樣的花卉，這些花卉雖然大多為常見的花卉，卻因其生態或名稱能寓吉祥之意，而被廣泛應用在各種裝飾物之上。

常見的吉祥花卉中，水仙代表神仙，也寓成仙之意，為常見祥福之物。蓮荷最能寓高風亮節，佛教中的蓮座，更為升天的法器。菊花音近居，楓樹入冬多會落葉，將菊和楓放置在一起，乃寓「安居樂業」。蘭花素有王者之香，代表高貴，百合則有百年好合的隱喻。

民間常種植的桂花、牡丹和山茶，也都有不同的含意：桂花喻貴氣、牡丹寓富貴、山茶則代表春光。芙蓉則有丈夫榮華的含意，向日葵一般被當作萬民歸心解，雞冠花因狀似戴冠，而被解釋作「加冠晉祿」。至於並不常見的紅杏，因在舊時進士應考時開花，乃被稱作及第花，裝飾在廟院中，乃作狀元及第解，可不能解釋為紅杏出牆啊！

●宜蘭天后宮大門窗上的花鳥圖。

富貴蔬果

日常生活中常見的蔬果，也有許多因特徵或名稱之故，被應用為寓意富貴或祥瑞的飾物。

佛手無論狀貌及名稱，都是最佳的清供水果，又象徵佛神之手，處處受到歡迎。其次便屬石榴，成熟的石榴內有多子，民間取其百子千孫之意；落花生古稱長生果，也因果實纍纍，且埋在地下不爛，更象徵長命百歲、子孫昌盛。

其他的富貴蔬果中，柿子寓意事事如意，蘿蔔又稱萊菔，代表招來福氣，桔子象徵吉祥順利，桂圓表富貴圓滿，竹筍代表的是子孫出頭，菱角和蓮藕，常用來祝福孩子伶俐、靈巧與聰明，蔥和蒜則可寓孩子聰慧和精算。至於結實圓飽、金黃纍纍的枇杷，外貌可是寓金玉滿堂最好的表徵，果實因子多，也象徵子孫眾多，世代綿長。

●佛手和桔子，代表不同的吉祥含意。

四聘賢能

民間信仰或寺廟的彩繪中，也常會取傳統忠孝節義的故事或者歷史故事、演義小說做為題材，東港王船上每科必出現的四聘賢能便為一個典型的例子。

四聘賢能乃指四個為聘賢能之士，想盡辦法全力以赴的故事，這四個故事包括：熗炙人口的三顧茅蘆聘孔明、渭水泮禮聘賢能、以及歷山聘舜以及成湯聘伊尹。這四個來自中國春秋戰國時代的故事，對現代人來說大多已不知其來龍去脈，對故事的寓意更無法理解，但每一科的東港王船，都必然要依照舊制彩繪其上。此外，在一般的寺廟彩繪上，也偶而可見到。民間一再繪製這些古老的圖案，卻不探索其意，唯一能解釋的，恐怕只有民間信仰傳統性的特質。

●東港王船上的四聘賢能彩繪。

3／文廟建制

文廟的建制

文廟也就是孔廟，清代之前一直屬於官建的祠廟，所有的祭祀與儀典也都由官方主持，戰後雖出現民間集資重建孔廟的例子，然而其祭典仍維持封建社會的形態，和台灣的民間信仰有明顯的分野，但也因文廟的祭典特殊，一直吸引人們的好奇；文廟的空間更是現代人重要的休憩場所，和許多人的生活產生一定的關係，特別予以分項述之，以免倘佯其中，卻不知其名以及各殿、各廡和各門的功能。

台地的孔廟，規模大小並不相同，大多有正面大門、正殿、左右兩廂及後殿等等，名稱卻截然不同，分別是櫺星門、大成殿、左廡、右廡以及崇聖殿，此外左右側門的通路，稱作禮門、義路，最外面還有東西大成坊以及大成門等，不僅名稱繁多，進入孔廟的規矩相當的多，舊時的人們一入這類的廟宇，就必須按規矩行事，現代的孔廟，卻常可見到在樹下石椅上小睡…等，被視為大不敬的行為，其間的分野實相當巨大。

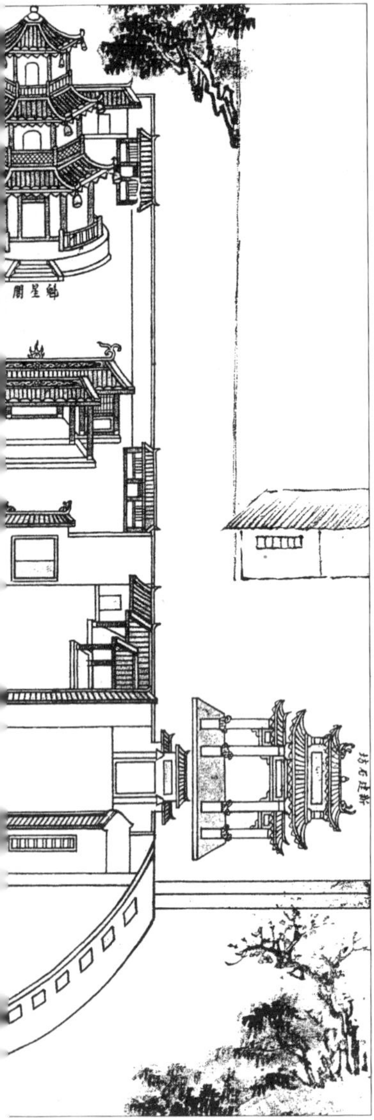

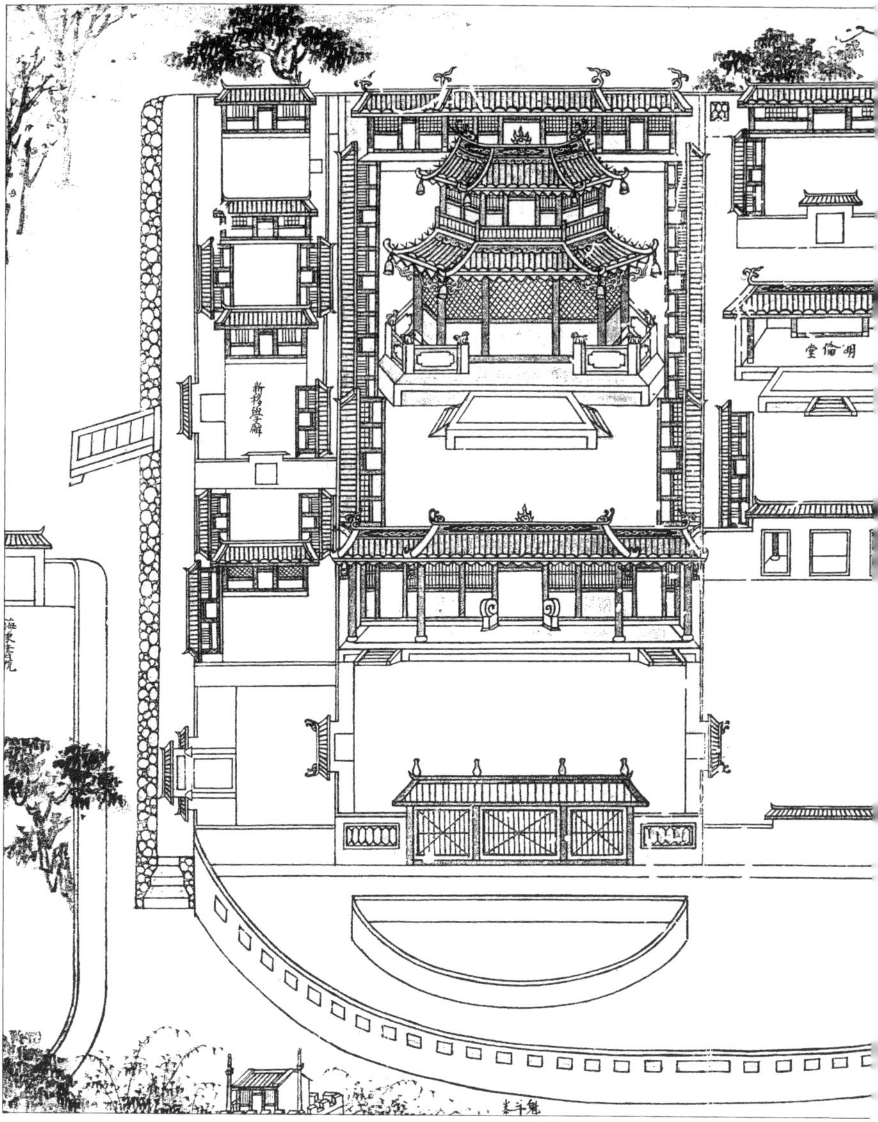

●《重修台郡各建築圖說》中所刊的台南孔廟的平面圖。

●台南孔廟的東大城坊，今已成孔廟大門。

大成坊與禮門義路

大成坊一般指孔廟外圍，做為主要出入口的牌坊式建築，名稱乃因孔子為「大成至聖」而來，坊下設有門，以供進出，是為大成門。台地規制最完整的大成坊，首推台南的孔廟，分有東、西兩大成坊，但也有許多孔廟並不設大成坊。

禮門和義路，為大成坊之內兩個門坊，不設大成坊的孔廟，則將禮門和義路，做為人們進出文廟的主要通道，一般都在左右兩側，應為左禮門右義路，也有右禮門左義路之例，人們通過這兩門才能進入孔廟，主要是講求儒家之道：「入則禮，出行義！」

大體而言，禮門和義路的外貌形式並沒有限制，門額上大多刻有「禮門」「義路」橫匾，一目便可瞭然。

萬仞宮牆

傳統的孔廟，最外圍大都建有高牆，以區分內外，並顯示孔廟的崇高與神聖，廟的最前方，更有一面稍高於圍牆，形式完整的萬仞宮牆。

一般為長形高大的萬仞宮牆，牆頂大多建有飛簷以及燕尾，牆上或書有「萬仞宮牆」四字或僅為素牆，萬仞指高聳巨大之意，宮牆乃因孔廟也稱黌宮而名，目的自然是彰顯孔廟的崇高地位。

萬仞宮牆及其他的外牆，漆成暗紅色，為孔廟的定制，此俗相傳沿自中國周朝人最喜歡的顏色而來。清代台南的孔廟改柵牆為圍牆時，就全漆上了紅色，此後不僅各地的孔廟外牆都以暗紅色為記，有些武廟也喜歡全漆上這個顏色，以示莊嚴隆重。

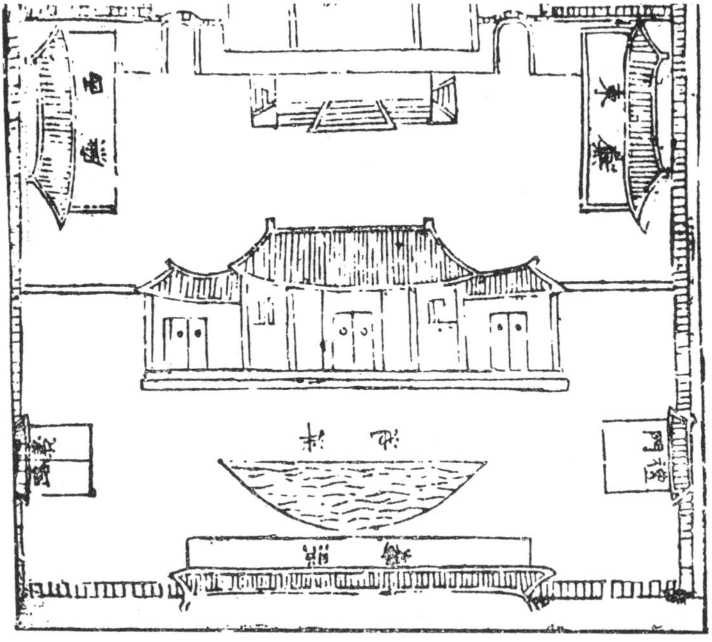

●《台灣縣志》所刊學宮圖的前半部，泮池之前便是照牆。

大成殿

孔廟的正殿，正式的名稱謂大成殿，以示供奉大成至聖先師之所，為文廟最重要的地方。建材及形制都有制式的規定：「大成殿九間（兩柱之間為一間），重檐，南嚮，覆黃琉璃瓦，崇基石欄……」（《大清會典》）。

台地孔廟的大成殿，雖大小有別，但基礎的規制大多仿上述形制而建。殿中正位供奉大成至聖先師的牌位，神龕兩旁有四配，分別是東配復聖顏子、述聖子思子，西配宗聖曾子、亞聖孟子，東西兩牆旁還有十二哲，東哲是閔子騫、冉雍、端木賜、仲由、卜高、有若，西哲為冉伯牛、宰我、冉有、言偃、朱熹。

民間有所謂「不敢在孔夫子面前賣文章」的說法，因此廟中的楹柱，門窗上完全不見對聯或匾額，僅在大成殿中，有歷代皇帝所賜的匾，反成了歷代帝王賣弄學問之所。

●台北市孔廟的大成殿。

崇聖祠

孔廟的大成殿後方，一般都設有後殿，稱崇聖祠或崇聖殿，民間俗稱聖祖殿，用以供奉孔子的五代祖先。

明朝嘉靖年間，稱孔子為大成至聖先師，封孔父為聖公，並規定大成殿之後，必築啓聖祠以祀孔子的先人，到了清雍正年間，同時將孔子的五代先祖都封為王，並將啓聖祠改為崇聖祠，一併供奉孔子的五代先祖。

崇聖祠中供奉的五王分別是肇聖王木金父公、昌聖王伯夏公、裕聖王祈文公、詒聖王防叔公、啓聖王叔梁公，另有其他配祀，東配有孔子兄長孔伯尼、顏子之父顏子路、孔子的長子孔伯魚，西配則是曾子父親曾子晰、孟子的父親孟公宜等先賢先儒。另外還陪祀有周敦頤、程顥、張載和朱熹四人的父親以及宋朝的大儒蔡季通。

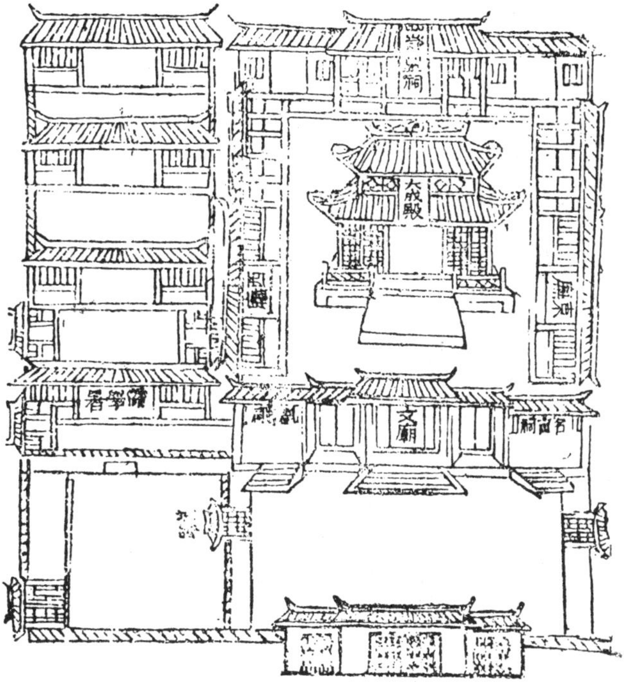

●台南孔廟的平面圖，大成殿後即爲崇聖祠。

東西兩廡

孔廟的大成殿兩側，都設有長長的廂房，但並不稱廂而稱廡，乃因供奉先賢及先儒的緣故。《大清會典》對東西兩廡的建制也有規定：「東西兩廡，各有九間，覆以甋瓦綠椽……」

東廡和西廡奉祀的先賢和先儒，歷代都有不同，清代龐鍾璐撰《文廟祀典考》，記載東廡祀先賢四十人，先儒三十二人，西廡先賢三十九人，先儒三十一人，戰後黃得時教授統計台地重要孔廟東西廡供奉的先賢和先儒卻多出好幾人，實際的狀況如下：台南孔廟的東廡奉先賢四十人，先儒三十六人，西廡祀先賢三十九人，先儒三十四人，台北和宜蘭的孔廟，東廡祀先賢四十人，先儒三十七人，西廡奉先賢三十九人，先儒三十八人，彰化、台中及屏東的孔廟，東廡祀先先賢三十九人，先儒三十五人，西廡祀先賢三十九人，先儒三十五人。

除了數目的不同，奉祀的對象也不大相同，顯然現今官方對孔廟的管制已鬆了許多。

●東西兩廡供奉先賢先儒。

●櫺星門平常不開，祭孔時才能啓扉。

戟門與櫺星門

大體而言，孔廟僅分大成殿與崇聖祠，並無其他的幾進幾落，但大成殿之前，建有一或兩座牌樓式的五門建築，正對大成殿的稱戟門，或稱大成門，這座門因重要性較低，並非每座孔廟都設，有些廟因空間不足，就只在宮牆之內，設置氣派莊嚴櫺星門而已。

櫺星門，乃指孔廟前主要的大門而言，櫺和靈字相通，乃指得士之意，《龍魚河圖》載：「天鎮星主得士之慶，其精為靈星之神。」多為五門或五門以上建築的櫺星門，門崁高大，門上都安置有門釘，令人感到十分氣派。平常的時日，櫺星門和戟門都大門深鎖的，一般人只能自旁門或邊門出入，以維兩門的莊嚴。祭孔大典時，要行隆重啓扉之儀，將兩門打開，以敬獻孔子，祭典結束前，另行闔扉之儀，將戟門和櫺星門關閉。

泮池

泮池也就是一半的池塘，大多屬半月形，也稱半月池，是孔廟中櫺星門與萬仞宮牆間必備的設施。

沿自於中國古代諸侯的學校，稱作泮宮之名而來的泮池，池上大都建有拱橋，主要是方便舊時的人們中舉時遊泮，黃得時教授撰《台灣的孔廟》謂：「古時地方子弟，應試而考取秀才（生員），到孔廟祭拜時，要在泮池中摘取芹菜一葉，插在帽沿上，以符古意。所以中了秀才，就稱『入泮』或『游泮』或『採芹』是由此而來的。」

現今台地的孔廟，大多仍保有泮池，但池的舊意義已完全不再，反而在上建了許多假山流水，池中飼養著金魚，甚至成為一潭死水的汚水池。

●泮池俗稱爲半月池，爲孔廟必備的設施。

螭陛和散水螭首

一般的孔廟，經常可看到一些造型奇特的動物，安置在不同的地方，最引人注目的首推螭陛和散水螭首。

螭陛乃是指大成殿前台階中的龍形雕刻，民間寺廟也有這樣的東西，稱作御路，功用則完全一樣，原為皇帝專行的通路。安置在孔廟中的螭陛，則供新科狀元中舉時，可以踩在螭陛而登上大成殿，以顯榮耀、身份，平常之人絕不能跨在其上。

散水螭首翻成白話，就是供作排水的龍頭。螭為龍生的九子之一，特質是喜歡觀望與涉險，傳可壓抑火災，孔廟於台基的排水處安置螭首，具有守望與壓制火災的寓意，但並非每座孔廟都有，台南孔廟的散水螭首，因造型優美，古色古香，最常為人們提起。

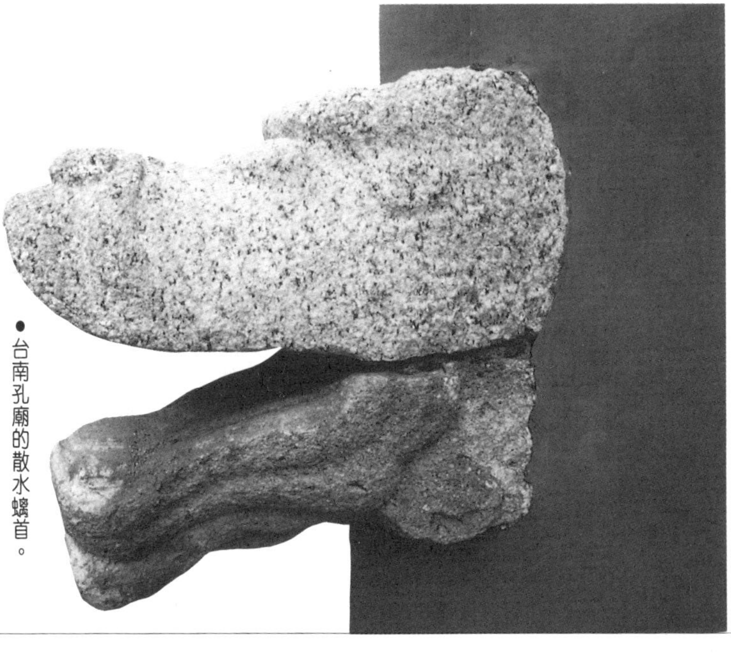

●台南孔廟的散水螭首。

●孔廟頂上的柱筒，來由有多種說法。

通天柱

有些孔廟的櫺星門或正殿屋脊上，會出現二根或六根如竹筒狀的柱筒，民間不僅對它的用途有多種說法，名稱也各不相同，或稱通天柱、通天筒，或叫藏經筒，或至稱六藝柱、煙囪等各種奇怪的名稱都出現。

各式各樣的名稱，主要是因它的由來及用途有多種說法。通天柱和通天筒的說法，來自於孔子的教化，上通天庭之意；藏經筒相傳緣自秦始皇焚書坑儒時，人們用竹筒藏書埋在牆壁或地下以逃避災禍，後世為紀念這段藏書的因緣，乃在屋脊建藏經筒，象徵讀書人保護學問不受破壞的精神。

六藝柱則因彰化孔廟設有六根綠色竹筒而來，有人便將之附會為孔子宣揚的六藝，至於煙囪，自是完全不負責任的說法。

鴟吻與梟鳥

孔廟的屋頂，包括大成殿、崇聖祠以及戟門、櫺星門之上，常可看到龍頭魚身形的瓦作飾物，稱作鴟吻，安置於屋頂，主要是為了避免火災。

鴟吻的由來，相傳龍生的九子中，有一小龍叫做鴟尾，非常喜歡激浪以降雨，封建時代的宮庭乃將祂塑於屋頂之上，做為避火之用。孔廟的形制乃仿舊制宮庭而建，鴟吻不僅被保留下來，更成了孔廟屋頂的一天特色。

大成殿的垂脊或戧脊上，常可見成排的小鳥，名作梟鳥，又稱夜梟，以捕食鳥、鼠維生，性極兇殘，成鳥時甚至會吞食年老的母鳥，自古被視為不孝與不祥之物。相傳某次停在屋頂，無意間聽到孔子傳道解惑，竟被感化而成排駐足聽道，後人乃在脊上塑了一排的梟鳥，以象徵孔子的有教無類。

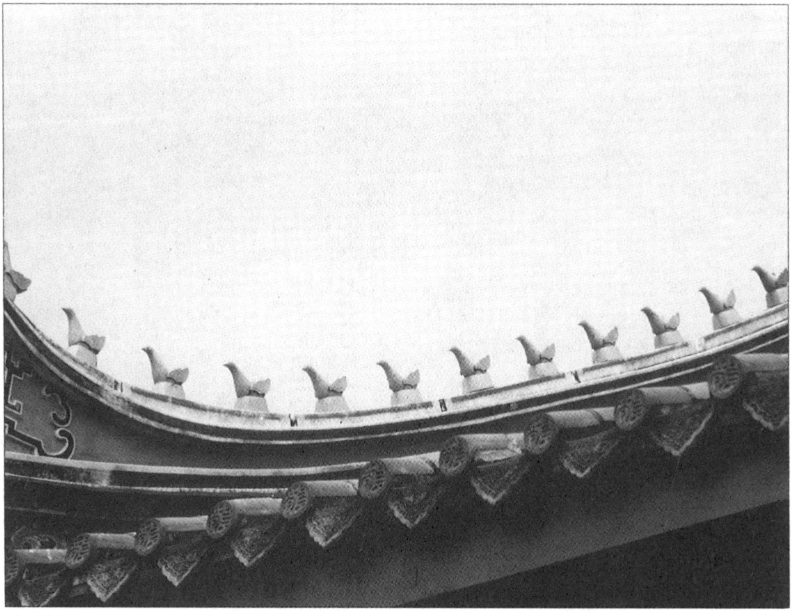

●大成殿上的梟鳥，象徵孔子有教無類。

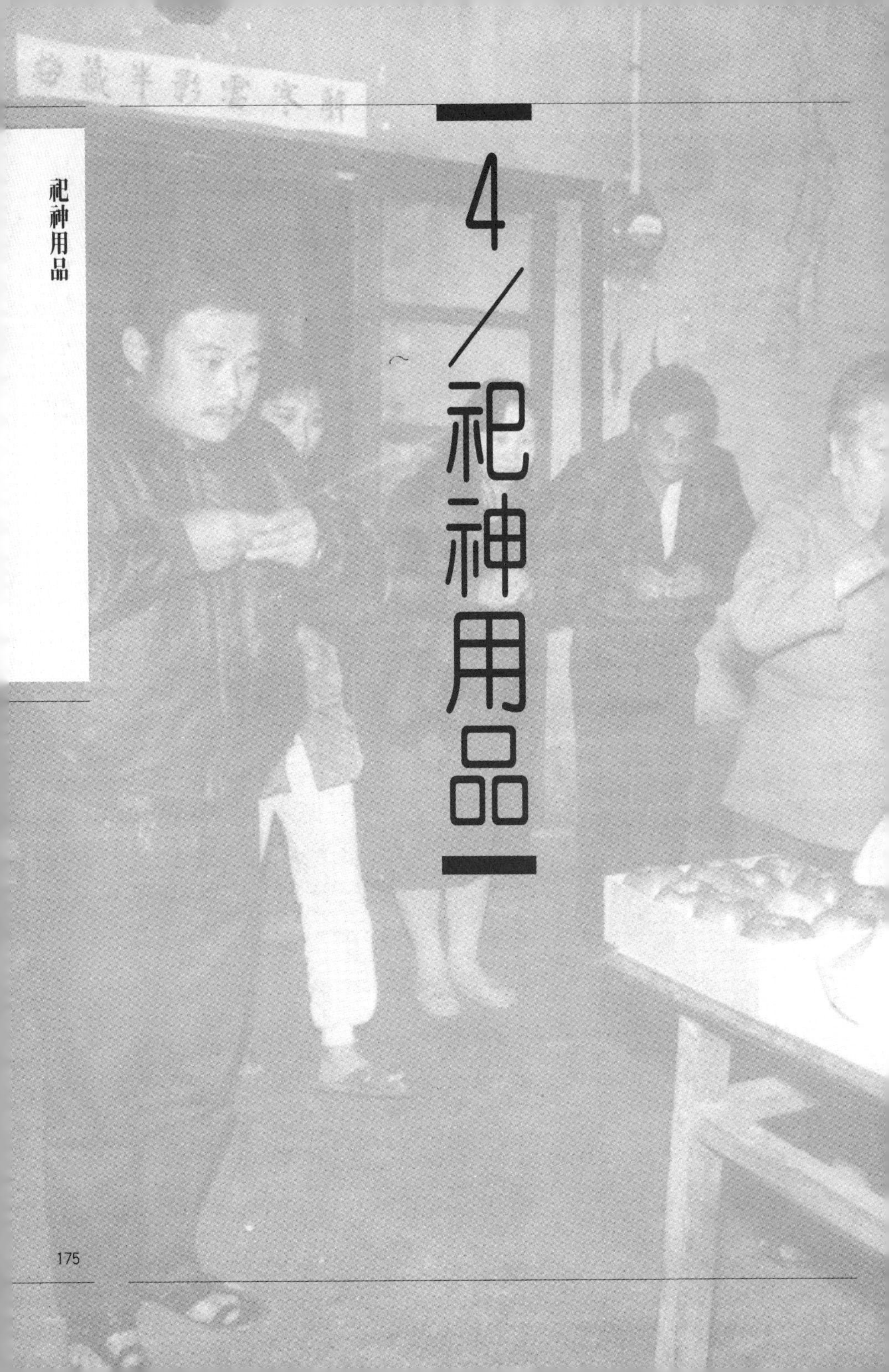

4／祀神用品

神像的派別

民間信仰中，神像是最主要的膜拜對象，它的源起，乃是隨漢人渡海來台，因而佛像、神像皆有，在質材方面，銅鑄、鐵造、瓷塑、木雕以至於水泥灌製的皆有。一般而言，銅、鐵及瓷製成的大多為佛像，如釋迦牟尼佛、風調雨順四大金剛、觀世音佛像等等；水泥塑造的則為室外的巨像，如基隆中正公園的觀世音立像、新竹五奇峯的關公坐像、彰化八卦山的大佛……等；至於木材雕成的，大部份都屬於民間信仰中的神明像。

台灣地區的神明像，由於源起與雕刻師父的不同，一般都分為漳州派、泉州派和福州派三大派系，較注重細部木雕的漳州派，已式微甚久。現存於台灣的兩大派系，以泉州和福州兩派為主。

泉州派下師父雕刻的神像，主要的特色在於雕刻的部份較為細緻，完成後並用漆線製作龍袍，使得整個佛像本身更見立體感。福州派的神像雕刻完成粗形後，便利用黃土和水膠來修飾外表，製作的技巧困難度並不如泉州派那麼高。因此清末葉以後，台地多數神像都屬福州派，泉州派的神像在彰化、鹿港、宜蘭等地方才找得到。

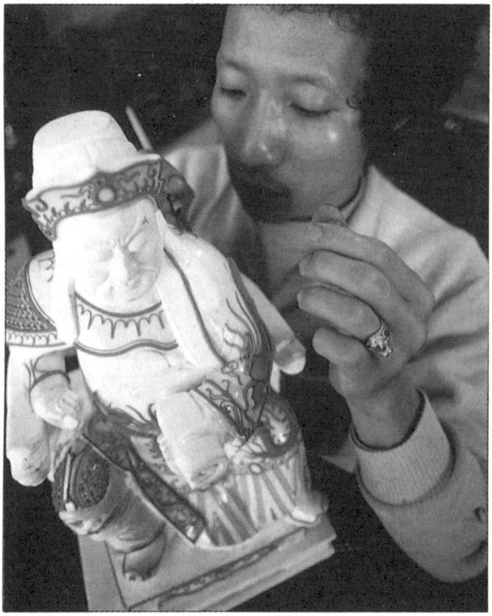

●台灣的神像因藝師不同，而成不同派系。

神像的大小

任何一尊神像的雕刻，都被視為極慎重而莊嚴的事，從選材開始，每個步驟都不得馬虎。

早期雕刻神像的木材，僅限於檀香木和樟木之類含有特殊香氣的木材，後來由於這兩種特殊的木材日漸難覓，才漸漸用杉木、黃楊木或櫻花木為材。

神像的大小，也有一定的規律可尋，一般從小到大常見的尺寸分別是七寸二、九寸六、一尺二、一尺六、一尺八、二尺二、二尺四、二尺六、三尺二、三尺六、六尺二、六尺六等等。除了上述所謂的吉祥台尺尺寸，不得任意用些奇怪的尺寸，否則輕者使神像不具靈氣，重者可招致邪魔，危害供奉者，一般人對於此事非常的慎重。

一般家庭或個人供奉的神像，大多在三尺以下為宜，五、六尺以上的神像都為廟中供奉，有些廟並塑有十幾尺的鎮殿神像，以增添正殿的威嚴氣氛。至於室外的水泥神像，最大的已有一百二十尺，其大小早已超出一般人膜拜的對象，而成為一個明顯的標誌了。

●迷你型的雙神童神像。

●戶外的神像，都相當巨大。

開斧

雕製神像的過程中，經過了選材並決定尺寸之後，接下來才開始真正進入製作的程序。製作的第一步，首要的是開斧。

神像的開斧，雖然還談不上儀式，但卻有些一定的規矩不能忽略。首先便是擇定開斧的良辰吉日，然後還要準備四果、發粿和紅龜粿等祭品，於擇定的時辰焚香祭祀準備用刻成神像的木材，並告示該木材將刻成什麼神明，再經唸咒後，用一把新的斧頭意思意思地先砍三下，再砍七下，以示請三魂七魄附身，完成之後，並在木材貼上開斧符與將刻成神像的名號，以防邪神入侵，便可靜待師父動手了。

神像的雕刻，大多先刻身體的部分，一般而言，身體與頭部的大小比例是身六頭一，待身體部分刻完之後，師父才慎重其事的開臉。神像的臉部雖小，卻是正邪的關鍵，自然得慎重其事，才能使一尊神像剛正而充滿神氣。

●開斧時都要貼上開斧符。

入神物

雕刻成神形的木材，一般仍不認為具有神靈，一定要配上五行以及放入神物，才能夠神威顯赫起來。

五行所指的乃是金、木、水、火、土。用木材雕神像以為木，木雕完成之後，全身一定要刷上黃土，以為土，漆色時一定要有代表火的紅色以及代表水的青藍色，最後再按金，那尊神像便具五行了。

入神物則是在神像接近完成之時，要在背後開一個小洞，稱為神洞，裡面放置五種神物；黑蜂或虎頭蜂表示神威勇猛；五穀籽代表五穀豐收；金銀銅鐵錫等金五寶象徵財富；黃紅青黑白五色線代表五營元帥護持之意。

除了上述較普遍易見的五寶，台地其他地方神像中所放的神物或有不同，諸如放鉾鐵以示生靈興旺，放炭表示世代相傳，放鐵釘以祈男丁，或者放入舊社會的有孔銅錢，以寓生財。

神像中放入多種的神物後，再封上原來挖下的那塊木頭，修刷上黃土……經過這種種手續，神像才可以招引神靈附在其上而大顯神威。

●神像後的神洞，內要放入五寶，也就是入神物。

開光點眼

神像要開啓神靈的最後一道手續是開光點眼。民間道法的流派甚多，各門派間的開光點眼之法大不相同。一般而言，舉行開光點眼之前必須要先選定吉時，然後請道士或法師來主持。開光者手持符鏡，到陽光下引照陽光，將陽光反射到擺在室內供桌上神像的身上，表示把天地的靈氣匯注到神像內。

開光完之後接着要點眼，這時開光者同時手拿著硃砂筆和符鏡，一面唸誦着開光點眼咒，一面依序在神像的頭部、眼睛、鼻子、嘴巴、耳朵、胸前、背後、前肚、手指、脚步等處一一點過，神像便可全身都通靈。

開光點眼最特殊的必要用白雞冠以及黑鴨舌的血來勅符，民間相信如此才壓得過凶神惡煞，至於點眼的硃砂中，也一定要滲有雞鴨之血，以示把活血灌入木偶神像中。

除了神像的開光點眼，民間常見的開光點眼，還有賽龍舟之前的點龍睛、建醮法會時的替諸神及鬼王開光點眼……等，對象雖不同，意義卻是同樣是請神靈附身以大顯威靈。

●開光點眼是個很重要的儀式。

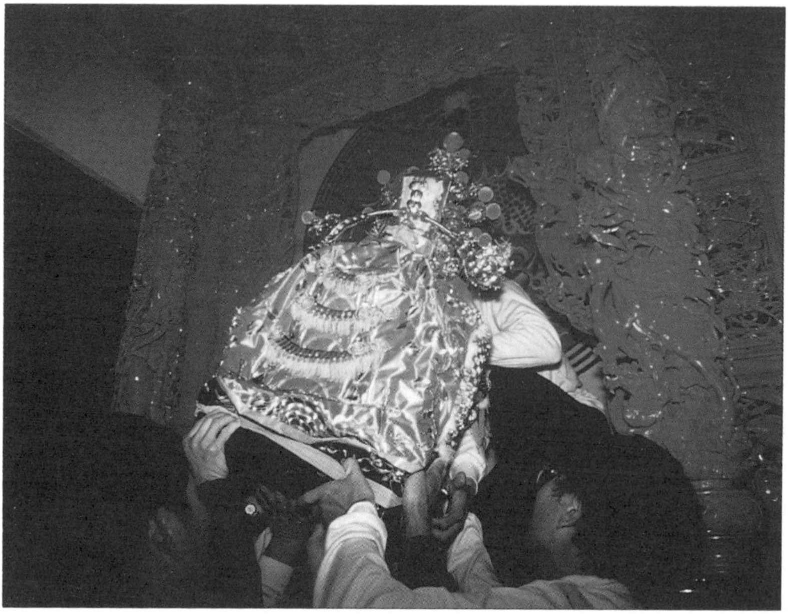

●大多的神像，都要再披一件神衣。

神衣

台灣的神像，雖然雕刻的派別甚多，無論那一門派，神像本身大多刻有衣服，並飾上漆線，使得整尊佛像莊嚴而完整，儘管如此，大多數的主神仍必須披上一件神衣。

用絲綢織繡而成的神衣，其實只是神像的披風，目的是增顯神祇的氣派與威嚴，因而頗受信徒們的重視，常有善信以捐贈神衣，以報神祇庇佑之恩。

神衣上的織繡，雖然沒有一定的限制，通常都以龍為主，如雙龍拜塔或雙龍搶珠。至於神衣的顏色，則依神的特徵或神格而有不同，玉皇大帝穿金黃袍，玄天上帝著黑衣，媽祖的神衣大多是橙黃色，關帝君則穿綠袍，土地公穿的大部分都是紅色的神衣，至於其他無特殊性格或禁忌的神祇，神衣大多以鮮紅色的紅袍為主。

神案與供桌

神案和供桌，是任何一間寺廟必備的東西。神案又稱案桌，也就是擺置神明的地方。現今的寺廟，供奉主神、同祀神及配祀神之所，大都由水泥塑成，頂土及兩側且都以木雕或泥塑裝飾，形成特殊的小室，因而大多俗稱神龕，而不名神案。

供桌為擺置祭品供奉神佛的桌子，無論廟大或小，神案前必設有一至數張供桌，上置燭台、花瓶、籤筒及其他祭祀必用物品，並留有部份空間，可供善信們擺置祭品。

固定的供桌擺於各神案前以及拜殿等處，另有臨時性的供桌，平常收藏於儲藏室中，遇有大祭典或普渡建醮時，擺在天井及廟埕上，以應信徒們的需要。

常設性的供桌，大多為原木製成，並有精緻的雕刻，臨時性的供桌，則以簡便為主。大規模的中元普渡場中，供桌甚至以竹為架，上鋪三夾板而成。

●廟無論大小，必設有供桌。

●台南市小城隍廟的神案與供桌。

●乩桌專爲關輦轎或乩頭起童之用。

乩桌

中南部的寺廟中，在供桌之旁常會有一張原木釘成，不修不漆，上面並覆有一塊厚厚橡膠板的桌子。有些廟並不另外設，但在每張供桌之頭，也會加舖一塊厚厚的木板或橡膠板，用途則完全一樣，供作輦轎或乩頭起童時，書寫乩字或傳達神明指令之用。

一般無以名之的起童之桌，或可稱作乩桌，乃是寺廟為了因應輦轎起童時，常在桌上拍打、敲、寫，為避免弄壞了一般僅供做擺置祭品的供桌，才特別設置這種堅固牢靠，桌面又置有防敲防撞設施的乩桌，一來不致因此而損壞了公物，同時關輦轎以及持乩頭者也有專門的活動區域，不致影響一般善信的祭祀，實收一舉兩得之效。

令旗架

人羣廟的廟埕、天井或三川門外，常可見到一些鐵製的架子，高不及腰，架上有一個個的鐵圓，上面可插置竹竿或木棒，平常其上空無一物，常令許多人搞不清楚那個小鐵架是幹什麼用的。

每一座廟所設的鐵架，形式都不同，或長長一排、或成一方井、或附在龍柱的鐵欄杆上，用途則是一樣的，都是提供進香者插令旗之用，因而稱作令旗架。它並不屬於寺廟中制式的設備，卻是一種非常體貼的設施，就如同公共場所門外的雨傘架一般，免得進香者帶着隊伍進香，神明都晉殿之後，長長的令旗卻沒有地方放置。

●體貼進香者方便而設的令旗架。

賽錢箱

賽錢箱嚴格說來，並不是寺廟必備的設施，但每座廟都可見到它的踪影。

大體而言，都置於供桌之前或供桌上的賽錢箱，其實就是自由樂捐箱。寺廟以「賽錢」為名，乃為鼓勵民眾比賽誰捐獻的錢較多。形制及大小並無規矩可循，客家地區有些老廟，仍保有大型水泥洗石子的賽錢箱，並將「賽錢箱」三字用紅色或其他鮮豔的顏色特別標識。此外，木製上方用兩個交叉斜面使錢能進不能出的賽錢箱，都可謂是第一代的賽錢箱。晚近因社會風氣的敗壞，竊盜事件層出不窮，連神明錢也不放過，新式的賽錢箱大多採兩種模式，一是以透明玻璃式的賽錢箱，裡面有多少錢看得一清二楚，寺廟人員則必須每天將錢取出清點，第二天一早再將箱子放回神桌，箱中大多會先置一兩張大鈔及其他小鈔，以誘導善信賽錢。二是用保險櫃開個投錢孔而成賽錢箱，或用鋼鐵為材，製成堅固的箱子，再配上幾把大鎖，讓竊賊難以下手。

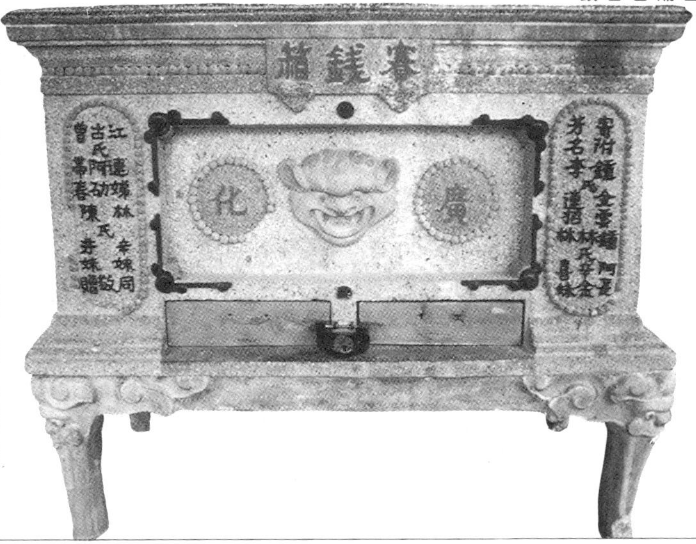

●高雄美濃地區客家廟宇中古色古香的賽錢箱。

桌裙

常設的供桌之正面，都圍有一塊刺繡的方巾，稱為桌裙。

桌裙是民間刺繡工藝品中，和民間信仰關係最密切的一類，它的功能雖僅圍住供桌正面的脚部，卻有裝飾神案莊嚴肅穆氣氛的意義。

大多呈四方型，用紅、藍綢布繡成的桌裙，分平面繡及立體繡兩種，平面繡的圖案直接貼在布上，中國閩南地方大都採此繡法；立體繡則在繡的圖案中，包有棉花或碎布，繡好的成品呈浮雕狀，台灣都採這種繡法。

桌裙由上下兩個部份組成，上半部較窄而長，或繡吉祥祝詞（如金玉滿堂、加冠晉祿、道士壇、戲班則繡上團名）、或繡雙龍搶珠圖案；下半部較大而方，繡的圖案有多種，如龍鳳呈祥、福祿壽三仙或者繡巨大龍頭，種類相當多，完全視善信的喜愛自由選擇。

●桌裙其實就是供桌的「裙子」。

八仙綵

八仙綵是民間刺繡工藝的傑作之一，原指用精巧手工繡成下綴流蘇的橫布，可供掛在大門口或神案前以增顯莊隆及喜慶氣氛，因此常被人用來當作新婚或新居落成的吉祥賀禮。民間信仰中的乞綵，也就是向廟神乞求一塊八仙綵，帶回家張掛，以增福祥喜氣，顯見它在民間信仰中，佔有相當重要的份量。

傳統的八仙綵，因上繡八仙而得名。都以紅綢布為材料，用立體或平面繡法，繡上漢鍾離、呂洞賓、李鐵拐、曹國舅、張果老、藍采和、何仙姑、韓湘子等八仙分持八寶，中間還加繡了騎白鶴的南極仙翁，外緣配上繡有牡丹或龍鳳圖案的藍綢布，最底下則綴有流蘇，相當典雅美麗。

晚近因受現代社會的功利化與庸俗化影響，出現簡陋至極的八仙綵，僅用一紅布，上貼印有八仙圖案的剪紙，如此價廉物劣的東西竟廣受歡迎，說明現代社會的人們，只重表象不重內涵的膚淺與庸俗。

●八仙綵廣泛用於民間慶典上。

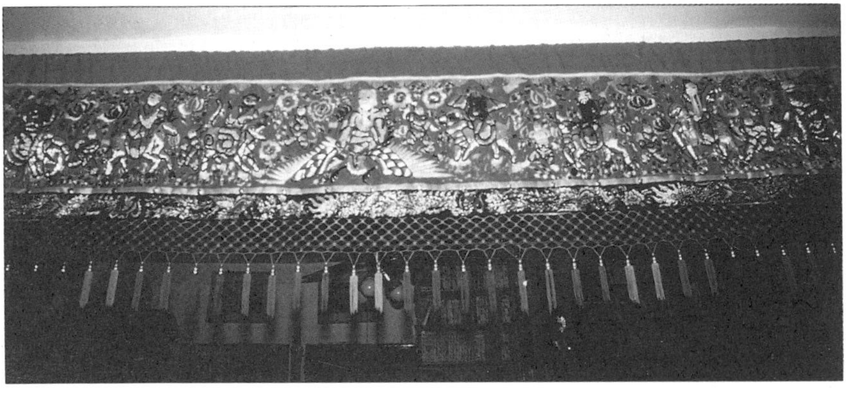

八仙八寶

八仙綵上的八仙，有站立或各乘坐騎兩種，一般以乘騎者居多。八騎再加上每仙手上所持的寶物，都是專屬他們的東西，若八仙不見，僅見寶物時，表示隱身的八仙，俗謂暗八仙。

在各種場合中，經常能各顯神通的八仙，祂們的座騎和寶物應該也佔了相當的功勞，可惜一般人都叫不出名字。漢鍾離騎的是麒麟，手持還魂扇，呂洞賓的坐騎是鹿，身揹寶劍，李鐵拐騎獅，手持葫蘆以盛酒，曹國舅騎象，手持陰陽板，張果老倒騎驢，持魚鼓，藍采和身騎豹，手提花籃，韓湘子騎在虎背，一路吹笛而行，唯一的女性何仙姑，坐騎是一匹馬，手持俗稱蓮蓬的笊籬。

八仙手中的八寶，其實已經非常明顯地暗示出，每位神仙不同的個性與行事風格，非常有意思。

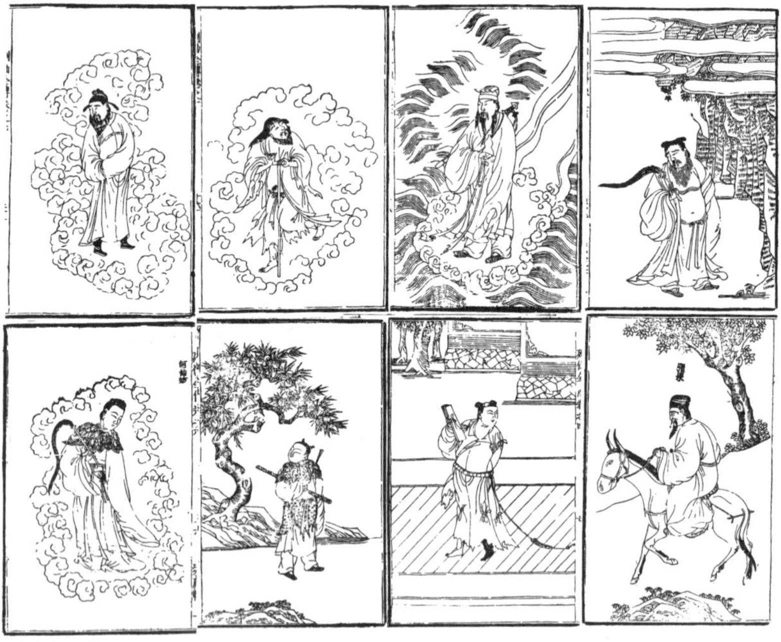

●《列仙全傳》中的八仙以及每人手持的法寶。

香爐

香爐為插香之所，為祭祀行為中必備之物，都擺在神明或祖宗牌位之前。善信及子弟持香膜拜之後，需把香插於香爐之中，等香焚燒過三分之二以上，才能撤饌結束祭典。

寺廟宗祠中的香爐，都是常設的，設定之後，平常不得任意搬動，僅在過年清掃時，才能移動清理。香爐的質材及大小，並無任何規矩，完全視主人意思而定，一般以石製或銅製居多，也有用水泥塑或者鐵製品，大小則視神廟的格局或宗堂的需要而定，形式可方可圓，全無拘束性。

除了常設的香爐，另有因特殊祭典而臨時設置的香爐，這些臨時香爐大多以鐵罐外包紅紙而成，罐內置砂或米，以供插香之用，祭典謝神之後，香爐便可廢棄。

●每座廟必設有各式香爐。

天公爐與三界公爐

天公爐也是香爐的一種，專為祭祀天公而設，乃稱為天公爐，客家人則稱天神爐。

大體而言，天公爐可分為兩種，一是寺廟中的天公爐，都置於寺廟正殿前的天井或廟埕中，有高脚，上有覆頂，為該廟尺寸最大的香爐，進香活動時，神明入廟或返駕，必須於天公爐上通過，稱為過爐，具有潔淨與增顯神威之功用。二為家庭或小祠中的天公爐，為銅製約一般飯碗大，都懸在正廳的燈樑下，上香時都需站在椅子上才能把香插入，寓有高高在上之意。

有些客家地區的廟宇，在主神爐和天公爐之間，另設有一大小和天公爐相近的香爐，乃為三界公爐，乃是敬祀天官、地官、水官專用之爐。三界公爐的設置更突顯客家人對自然崇拜的重視。

●寺廟三川門外的天公爐。

●潮州三山國王廟天井中的三界公爐。

天神位（座）

各寺廟中必備的天公爐，到了客家人的領域中，不僅有了不同的名稱，形式及安奉的位置也有所不同。

客家的祠廟或家宅，奉祀天公的方式雖有些和福佬人的天公爐完全一樣，但有不少客家人都奉祀天神位，或稱天神座，乃是在祠廟前的圍牆、照壁挖一個洞，用以奉祀玉皇大帝，如果沒有適當的牆壁可用，可能就在廟埕前立一鐵桿，上設一小供台，並有插香之處，也就成了天神位。

傳統的客家民宅中，天神座很可能就安置在客廳外的牆壁或柱子上，僅用油漆劃成神位，上書「如在其上」等字樣便成，也有人把天神座奉於圍牆之前，或者是大門的門崁之前，對客家人來說，只要是露天的地方，都可以安置天神座！

●美濃地區有些客家人，就把天神位設在禾埕上。

爐丹

爐丹也就是香爐中的香灰。人民由於對神明的信仰，強化衍生出爐丹也具有神性，加上舊社會中醫學不發達，許多人得病無處投醫，乃向神明求爐丹以為治病，雖然每有延誤治療而喪命者，但偶有巧合遇救者，善信們莫不廣為宣傳。因而一直延續到今天，仍有不少善男信女向神明乞求爐丹，帶回家中「有病治病，無病保平安」。

信徒們向神明乞爐丹的方式，大多以擲筊行之，獲得聖筊者便可取紅紙，包少量香焚燒之後的灰回家。台灣的香都用木屑及顏料製成，對任何疾病都無治療之效，仍有不少信徒認定其具神明庇佑之效。有些寺廟為了滿足信徒們的信心，甚至還在爐丹中羼入可治感冒的藥粉在其中，讓信徒誤認是神明的威顯。

除醫病外，爐丹也可應用在其他作用上，如收驚、解厄……，每逢大廟的香期，都必須動員許多的義工包好一包包的爐丹供應信徒，可見它受歡迎的程度。

●忙着包裹香灰的義務人員。

●善信們在點香爐上點香。

點香爐

香和燭為寺廟中不可或缺的東西，善信們進入廟裡，總要持香膜拜，許多人拿起香就在燭上點了起來，其實這是不對的，蠟燭的作用乃傳遞光明與溫暖，用來點香則對神明不敬。

無論在大廟或者小祠，為了解決善信們點香的問題，大多備有專供點香之用的點香爐。有些廟實無此設備，也會準備幾包火柴或者打火機，如此的設計，自然是希望善信們避免在燭台上點香。

屬於寺廟方便性設施的點香爐，形制有多種，有用蠟燭融在盆中，點燃以供作點香之用；也有以石為材，刻成圓盆狀，底下放置燃燒的木炭，上置香灰供善信點香；也有將盆中的火炭改成電爐板，只要通電便不慮熄火；至於最普遍常見的，恐怕就是葫蘆造型，以瓦斯為燃料，只要一打火石便燃的瓦斯點香爐了。

●忙着製作線香的工人。

線香

自古以來，香就被視為可以降神的靈物，蘊有煙火、香氣三種精神。人民於祭祀時，焚香可藉其裊裊煙雲、明光火星以及四散的香氣，上達神界，引領神明循香下凡，享用善男信女們準備的豐富祭品，並聽聞人們的祈求，它的重要性是無可替代的。

通俗信仰中，善男信女膜拜祈神時最常使用的香，大都是指線香。線香雖名為線，卻是用竹篾為心，外沾香粉製造而成，直徑約在零點二公分以上。

台灣地區常見的線香，共分黑、黃、紅三色，前者常用在喪事及拜鬼，黃色或紅色的香，可用來祀神祭祖及其他各種喜慶場所，最受歡迎。長短從三尺五分到二尺二寸都有，二尺以下的都為家庭祭祀用的香、寺廟都用二尺以上的香。

長壽香

香主要的功能是降神，此外「實有通神、祛鬼、辟邪、祛魅、逐疫、返魂、淨穢、保健等多方面作用，尤以通神與辟邪為最，則由香煙與香氣之二要素而演成者；……」（劉枝萬《台北市松山祈安建醮祭典》）。

為了凸顯香的各項功能，各種不同的香也就應運而生，長壽香乃為表現香氣與持久而生的香。嚴格說來，長壽香也是線香的一種，但比線香粗而長，大小至少粗過拇指，長度則在三、四尺以上，也就是中型的香。由於燃香面積大，香氣更為濃郁，且燃燒更為持久，寺廟中經年點的長年香以及一般家庭新年點的大香，都為長壽香。晚近則出現中型的香，外型塑以多瓣狀的梅花形狀，稱作梅花香。

近年來，台地更開始流行，大過長壽香數倍的大香，俗稱暗八，這類香小者如握拳大，大

●外型呈梅花狀的香，一般稱梅花香。

者甚至比大碗公還大，香上還浮雕有龍鳳呈祥或福祿壽圖案，大多在神明慶典廟會出現，每每搶盡風頭。

●手持巨大暗八，以迎接神駕的婦人。

排香與壽香

排香顧名思義，乃指數枝成排的香，是一種由線香繁衍出來的香，大都用於正式祭典中，供主祭官上香之用，新婚夫婦祭祀時，也以排香致祭祖先。

由於功用的不同，排香分普通和特製兩種，普通的排香僅成排為香而已，大都用於寺廟祭典之中；特製的排香，上浮雕有「福」、「祿」、「壽」等字樣，大多於新年時或慶祝某人生日時使用；另有雙囍排香，專供婚禮時，新郎新娘上香祭祀之用。

壽香是用香粉壓製成壽字形的香，乃寺廟神誕或民間壽誕時專用的香，普通場合絕少見到。壽香由上方點燃，依壽的字形慢慢燃燒，全部燒盡短則四、五個鐘頭，大形的壽香，甚至可燃燒十二個小時以上。

●壽香大都用於神明壽誕。

●排香僅在特定場合才可以見到。

●掛在屋頂上的盤香。

盤香與環香

盤香俗稱為環香，掛起來時外緣往下垂，客家人稱為蓋香，是民間信仰中僅次於線香的常用之香。

盤香為平面螺紋狀，一圈圈圍成的香，每圈之間都用紅線繫住，圈中則為懸掛之處，由外圈點燃，任香由外至內一圈圈燃燒；盤繞的香圈愈多，可點的時間愈長，一般的盤香至少可燃十二小時左右，寺廟使用的大盤香，甚至可燃達十天半個月之多，寓有「生生不滅，循環不息」之意，因此都被虔敬人家或寺廟視為長年香，以保持香火終年不熄。

環香和盤香的造形完全一樣，同樣為圓盤形的香，但環香較小，都在供桌上使用，須用香柱為架，頂住環香內圈的頭，讓香的外圈自然下垂，點香則由外圈點燃，一個環香依大小的差異，約可點一至五、六個鐘頭不等。

檀香

檀香也是民間祭祀中常見的香，功用並非直接點燃祭神，而是點燃後散發香氣，增顯祭祀場所的莊嚴與肅穆，同時也有催化作用，是一種非常普遍的裝飾香。許多的寺廟、佛院經年常燃，每每一登堂入室，即聞撲鼻之香，實為檀香之功。

迎神賽會時，檀香更被廣泛應用，香爐或香擔都以燃檀香以保香火不滅，童乩於起童時，也可將檀香爐捧到他面前，催化童乩趕緊起童。

成品可分為檀香粉和檀香柴兩大類型的檀香，前者呈粉末狀，後者為細小柴木。由於香氣的不同，分為許多級數，最高級的為老山烏沈檀香，香味和緩，悠長持久，使人聞之為之心曠神怡，因此廣受歡迎。

●法官用檀香爐導引童乩起童。

蠟燭

傳統用來祀神並藉以通神的用品，除了金和香，蠟燭也是不可或缺的一項。必須借點火而使用的蠟燭，在民俗的意義，最強烈的莫過於散發出光明和溫暖，因而神前必須蠟燭常明，一方面表示光明常在，神光普照，同時也不斷地把溫暖散發給信眾。

民間常用的蠟燭，大體分紅、黃、白及青等色。紅色最常見，普遍的祀神及喜慶壽誕都可見到；黃色的蠟燭大多為佛教及軒轅教派中使用；白色僅限於喪事、法場中使用；西洋宗教的基督教和天主教，最常使用的蠟燭則以白色及青色為主。

早年的蠟燭也代表燈火，人們於祀神時，都會在神案前先點上兩根蠟燭以寓添燈（丁），並祈光明富貴。慢慢地，人們添給寺廟的蠟燭愈來愈大，如今常可見到直徑達四、五十公分以上的大蠟燭，矗立在神案前，而獻蠟燭的意義，也從早年單純的添燈，轉化為求財求利。

●蠟燭壓在準考證上，以祈考運光明。

●寺廟的燭台，常有義工自動清理。

燭台

蠟燭是寺廟中不可或缺的東西，大多數的寺廟、家祠甚至家庭的祖先牌位前，都會準備燭台，一方面固定安置蠟燭，同時增進美觀及氣派。

傳統的燭台，以錫製品為多，也有用鐵、木、竹、石製成的例子。最典型的樣式下方上圓，線條簡單典雅，上留有尖頭，供做插燭之用，兩個為一對，分置於神案兩側。豪華的蠟燭台，上飾有龍鳳、雲彩或者神仙圖像，有些還裝有燈罩，上書「闔家平安」或者「鳳毛麟趾」之類的字樣。

電的發明及普及之後，蠟燭雖在廟中常可見到，但意義卻轉為信徒求財求利之物。神案上必須日夜長明的燭台，大多改用電燈燭台，一來方便，二來安全。不過如果碰到停電，長明的燈火還是會熄滅的！

爆竹

爆竹為民間年節喜慶、迎神賽會中，用來燃放以增加熱鬧氣氛的民俗物品。

福佬人稱炮仔，客家人稱紙炮的爆竹，原是用於祭祀神明時，燃放爆竹以示歡迎之意，後其他諸多喜慶場合及喪祭掃墓中均可見到。不同的場合，放炮的意義也不相同，但大體不脫歡迎、宣告、通知以及祛禍、禳邪等諸多功能，燃放時，發出火花及巨大聲響，最能夠帶動熱鬧的氣氛，一直都廣受歡迎。

用黑色火藥製成，外裹粗紙而成爆裂物的爆竹，種類相當多，早年有花炮、排炮、大炮、中炮、鞭炮、竹篙炮及鼓燈炮，近年又發展出電光炮、煙火炮、沖天炮……等多種。迎神賽會時，堆成如小山般的炮山，大多用鞭炮或者排炮堆成的。

●客家人掃墓時，都要放鞭炮。

沙盤

南部地區有些小廟或有應公祠的供桌上，常可看到用圓盤或四方盒子盛裝着一整盤的檀香或細沙，表面並用木板刷得非常平整，民間通稱為沙盤。

沙盤並非祠廟中必備的設施，乃是大家樂賭風盛行之後，民間祈求神明或有應公們浮字而設的占卜之物。一般而言，沙盤的形制、造形全無限制，唯一的要求是表面需弄得平整後，祈神於沙面上浮寫圖案或文字，人們再依神明所示，拆解出自己認為的幸運數字，用以簽賭。

有些地方為避免人為的惡作劇，隨意在沙盤上劃一些圖案或符號，乾脆製作一個玻璃盒子，將沙盤鎖在其中，信徒們只能隔着玻璃，仔細研究那些若有似無的紋路，到底代表什麼數字。

●用放大鏡仔細看沙盤浮字的大家樂迷。

香煙

種類眾多的祀神敬鬼物中，香煙並非傳統祭祀中正式的祭祀物品，但在六、七〇年代以降，卻因有應公信仰的發達，供桌上的香煙也日漸普遍，甚至成為相當重要的一項。

嚴格說來，香煙非祀神之物，而是敬鬼的嗜好品，人跟鬼的關係雖然疏遠，普遍的觀念卻認為只是陰陽相隔而已。人的興趣與嗜好，往往也是有應公們的嗜好，又因有應公們總被認為是陰神甚至是邪神，愈是離經叛道的東西，愈適合祭祀祂們，香煙就在這種情況下，被引進有應公廟裡，後漸成祭祀陰靈最具代表性的物品。

用香煙敬祀有應公，同樣要點着，再放置在供桌上，有些地方為方便善信們敬煙，還特別設有香煙架，用鐵釘或細鐵製成一根根的架子，方便善信們插煙之用，可謂設想周到。

除敬祀有應公，香煙不可用來祭祀神明或祖先，但經常都被不明究裡的信徒誤祀。

●祭祀用的香煙，就直接插在香枝上。

●徒手祭拜，是最方便的祭祀方式。

徒手祭拜

民間信仰中，與神溝通的方式，有膜拜、擲筊、許願、抽籤等方式。膜拜則可用徒手或持香兩種方式。

徒手祭拜是通俗信仰中最普遍而常見的拜神方式。舊時的人們，甚至路過大小廟宇，都要徒手合十朝廟裡拜拜，以示對神靈的崇祀。

現今的台灣社會，雖然人們敬神的態度雖不如昔時，徒手祭拜仍是善男信女們最普遍而方便的祭神方式。一般通俗信仰中的善信，徒手祭拜的方式都是雙掌合十，雙眼微閉，口中喃喃禱祝。正統道教的祭祀方式，則是用手握成半圓，成為兩儀，左手為陽，右手為陰，左手握住右手，右手扣在左手大拇指，謂陰陽雙包，以符合太極圖中的兩儀四象。

無論用那一種方式膜拜，最重要的仍是心靈的虔誠。

焚香膜拜

民間較正式的祀神活動或醮典祭祀中，都必須使用香，並以焚香膜拜的方式，來表示人們虔誠心意。一般的家庭中的日常祭祀，也都以焚香膜拜來祭祀祖先和門神、土地公……等。所謂早晚一柱香，指的是家庭焚香膜拜的情形。

一般而言，香的數量和祭祀的對象有相當的關係，祭神用三柱香，祖先用兩柱香，孤魂野鬼僅能用一柱，以區分三者的區別以及地位之高低。

點香也有一定的規矩，必須另備火種，不得以神案上的蠟燭點燃，蓋神案上的蠟燭是為神靈點長明的，自然不能借它引火。香點燃後，仍着生火，只能揮動香支使之熄滅，或者用手煽熄，絕不能用嘴吹熄，以免口水噴汚了香的神聖。

●焚香膜拜，希望借香以通神。

手爐

手爐因常持在手中使用而名。民間通用的手爐，大多為圓形，約握拳般大小，爐上有柄，雕刻成龍形，以供手持之。

民間的祭祀活動中，如獻祭、祈福、法會以及喪葬禮俗中的做功德、超渡等，除延請道士負責祭典所有的事宜外，信徒也必須派出爐主、其他代表數人或孝男孝女等陪同祭祀，這些人或每人都持香，或持手爐，上插一柱香跟隨祭拜，顯示手爐並非一般的香爐供插香之用，而是代表隆重持香的特殊祭物。

一般而言，手爐的使用都在於較重要的祭祀活動，以顯示這個祭祀的重要與莊嚴。

▼基隆中元祭，交接手爐的儀式。

擲筊

信仰的目的，主要是為了藉着與神溝通的過程中，得到心理的慰藉。台灣民間信仰中，人與神溝通的管道相當的多，擲筊（跋杯）是重要而普遍的方式之一。

擲筊的工具為杯筊，最早用兩片蚌殼，後改用硬木或者竹頭製成，晚近開始有塑膠成品，成新月形，共有兩塊，大小並無限制，一般家庭用的較小，長寬約一、兩寸而已，寺廟公共用筊較大，甚至長達達七、八寸，平時筊都置於神案上，供信徒們隨時使用。

善男信女們若要擲筊，需先焚香膜拜後，向神明說明擲筊的原因，拿起一副杯筊雙手合持，筊面朝上，虔誠祈求後，在香爐上繞幾圈以示通神，擲在地上便出示結果。屏東的沿山地區，甚至有通靈的童乩，也需擲筊以傳達神意的例子，最為特殊。

●擲筊以了解神明的旨意。

一般家庭的祭祖或祀神，也需要借擲筊的方式，請示祖靈或者神明是否降臨，祭典結束前，也要擲筊詢問祭品是否已享用完畢，能否撤饌送神？

筊示

兩隻成一對的杯筊，必定有一面是平的，另一面隆起成半圓型，平的那一面通稱為筊面也稱陰面，隆起的則稱為筊蓋，亦稱陽面，擲筊後，由杯筊的陰陽面來斷凶吉。

民間俗信，神明同意或允諾信徒所祈之事時，筊示為一陰一陽，俗稱為聖筊，也就作一筊，遇有重大的事情或者某些特別的祭典，得到一筊仍不算允諾，而需連得三筊以上，才表示可行。若兩筊都陰時，俗稱陰筊，表示神明生氣或不理會信徒的所求。兩筊都呈陽面，稱作笑筊，意指神明笑一笑，不置可否，信徒必須再請神明示。

信徒擲筊的目的就是希望得到某種答案，無論神明出現過多少笑筊或陰筊，大多數的善男信女，總是要一求再求，直到出現聖筊。若是有事相求於神時，為得聖筊，信徒往往會表示願意對神有所奉獻，得不到聖筊便一直增加，或者改換奉獻的物品，直到得到圓滿的答案為止。

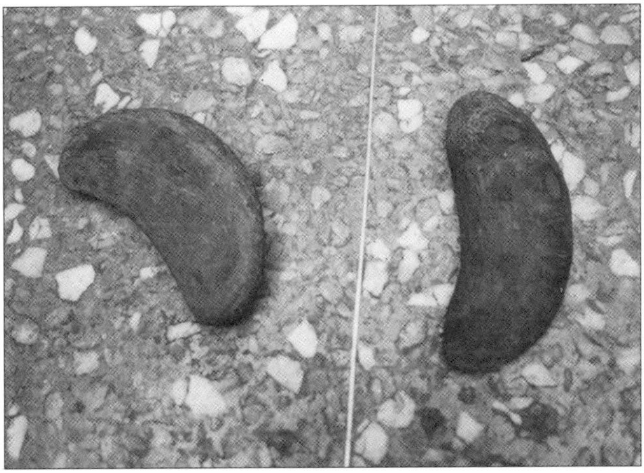

● 筊的每種組合，都代表不同的含意。

擲爐主

擲筊的用意本是占卜善惡的禍福，也有人借看得到聖筊的多寡，來決定廟方的一些事務。至今仍盛行於民間的擲爐主和乞綵都是典型的例子。

台灣的大小廟宇，或者神明會，每年固定的時間（大多在神明壽誕日），都要選出新的爐主和頭家，負責未來一年的事務，選舉的方式就是請有意競爭的人自己去擲筊，或者由廟的管理員和舊的爐主，一人按照繳交福份錢（或丁口錢）的名單唱名，一人擲筊，每得一聖筊，在旁的信徒便大喊「一筊」、「二筊」、「三筊」……最後以得筊最多者當選新的爐主，第二名以後至若干名則擔任頭家，以協助爐主處理廟的祭典、請戲、收募福份錢等工作。

民間認為，無論擔任爐主或頭家，都是神明賦予的重任，神明必定會特別保佑，若非特別情況，大都會欣然接受，如果有人無法出任時，則由得筊第二多者遞補。

●擲爐主，大多在神誕時舉行。

乞綵

乞綵又稱乞彩，也是民間至今仍相當盛行由擲筊決定得主的民俗活動之一，借着乞彩而得好彩頭。

所謂綵，乃是八仙綵的簡稱，許多地方性的角頭廟，每逢神明壽誕之期，經常會準備許多件八仙綵在廟中，有些綵上還掛有數百元至數千元不等，稱為彩金。八仙綵和綵金都可依信徒的意願，依擲筊的筊數，將綵乞回家中。相傳乞得綵者非但得了好彩頭，神明更是會庇佑在未來一年裡鴻圖大展，事業發達。

第二年神明壽誕前，過去乞得綵及彩金者，要依雙倍或一定的比例，添綵及彩金送回廟中，供其他信徒乞求，如此一來，八仙綵與彩金與年倍增，乞綵的熱鬧景況，自是一年更甚一年。

●屋頂附有鈔票的八仙綵，都是供人乞綵用的。

求籤

善男信女們遇有疑困，需求助神明以得答案時，除了類似是非題的擲筊，還有仿似選擇題的求籤。

大家所熟悉的求籤，方式相當簡單，有事相求的善信自備牲醴、四果，甚至空手，只帶金和香，到廟中焚香禮神後，一一將自己的姓名、住所、年齡等向神明告知，再把求籤的目的向神明禱明（每籤僅限求一個問題），擲筊請示神明可否求一籤詩以獲指示，獲准後方可到籤筒中抽取一籤（如果是桌上式的小籤筒，則用雙手捧起籤筒，搖動籤枝至其中一枝特別突出或掉在地上為準。），再持籤枝到神前請示是否是神明的旨意，若不是得重新再抽，如果沒錯的話，便可按籤枝上的號碼去取得同號的籤詩，再將籤重新放回籤筒中，叩謝過神明後，求籤便完成了。

●抽得籤枝，還要再向神確認是否這一枝。

台東市富崗社區的海神廟，則不設籤枝，而以擲筊三次分別呈現的聖筊、笑筊、陰筊的排列順序為準，直接取得籤詩。

籤筒

籤筒也就是裝置籤枝的容器，為寺廟中最常見的設備之一，一般都立於供桌兩側，以方便善信們在桌前跪拜求籤，順手抽籤。

大多數寺廟的籤筒，都為立地式的，高約一尺餘，巨大者如臉盆般大小，小的也比碗公大，舊式的籤筒多為樟木或梧桐木製成，也有少數取竹而成，上方都挖成圓形中空，外形刻繪有花鳥圖案，並清楚標明為運籤筒或藥籤筒，以免善信誤用。

籤筒的底部，有另設籤架及筒身連筒腳兩例，形狀分圓形、六角形或八角形等多種，近來更有用大理石或水泥塑成固定式的籤筒。

小形的籤筒，最常為占卜師使用，直徑不到十公分，高約二十餘公分的小籤筒，適合手持搖晃，供人們抽籤之用。此外，寺廟的神桌上，會有另一種中形的籤筒，其用途跟大形的籤筒完全一樣。

●現代寺廟新式的籤筒。

籤枝

籤枝也稱作籤條，為細長條形，一頭削成葫蘆或其他形狀，並漆成紅色，以示福氣或寓祈福。籤枝的長短，則視籤筒的深度而定，一般籤枝置於筒中，約需留三分之一露於外面，以方便人們抽取，深者留長，淺者留短，並無一定之規矩。

主要的功用是供善信抽取，再憑籤號兌換籤詩的籤枝，數量必須和籤詩相同，可能為六十、一百或一百二十之數，籤枝過多時，可分裝在兩個籤筒內，放在供桌的左右兩側。籤號的書寫也必須完全和籤詩一致，籤詩用天干地支，籤枝上刻的也是天干地支，如果以數字區分，籤枝上刻的則是第一首，第二首，如此善男信女們抽到籤枝後，才能換得籤詩。大體來說，可供人求籤的寺廟都必設有籤枝，唯獨台東市富崗社區的海神廟不設籤枝。

●籤枝於過年時，都要檢查是否有遺失。

大多用竹或木為材的籤枝，無法避免損害或遺失的問題，因而每年送神之後，許多寺廟也同時封籤，並將籤枝取出檢查，補上破損遺失的部份，以免少了籤枝而扭曲了神意。

籤詩

無論你為什麼求籤，求的是什麼樣的籤，籤枝本身都僅有天干地支組成的代號或者明寫着第×首而已，求籤者必須持着籤，去換取相同代號的籤詩，透過籤詩上的文字，才能得到真正的答案。台東市富崗社區的海神廟，因不設籤枝，求籤的方法以擲筊所得的排列順序結果取籤詩，所以籤詩上別出心裁的不寫第×首，或天干地支的代號，而直接書寫陰（陰筊）陽（笑筊）聖（聖筊）、或陰陰陽、或陰聖陽……等代號，共有二十七首籤。

籤詩也就是以詩為籤語之意。一般而言，運籤的籤詩都以七言四句居多，內容或假藉歷史故事，或寓民間傳說，甚至藉着日出日落來說明求籤者的運氣。有些寺廟的籤詩，旁還印有小字的「解曰」，把籤詩的意思明白的解釋出來。藥籤上書的則全部為藥方，求籤者只要拿著藥籤去抓藥便成了。

無論是運籤或者藥籤，少則三十六首，多至百餘首，大部份以六十首和一百首居多，每一首的內容都不相同，其中必另有一首「上上籤」或「籤王」，表示求籤者運氣大好，神明並不特別指示，僅要求籤者添些香油錢，一切便可撥雲見日了。

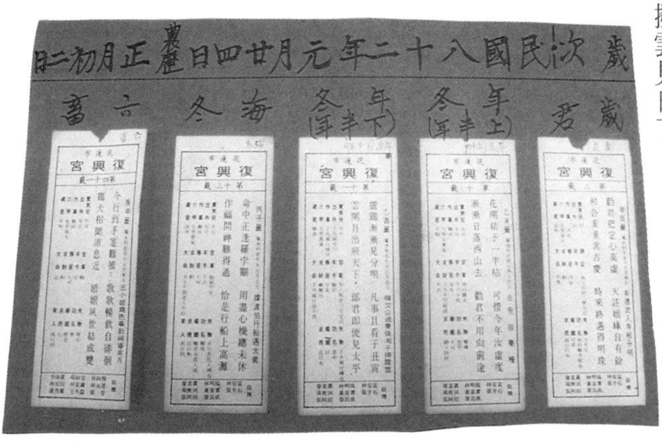

●每一首籤詩，都代表不同的運氣。

自動靈籤舍

儘管求籤為民間信仰中，最普遍且簡單的求問行為，但對受現代教育的年輕一代而言，仍有許多人不知如何求問。於是乎，腦筋動得快的商人，乃設計出自動販賣機一般的「自動靈籤舍」，擺在遊客眾多的觀光廟或者風景區，供連求籤都不會的現代人，投幣以換取籤詩。

大多為一獨立房舍造型，屋頂並飾有飛簷的自動靈籤舍，底座用木頭封成一四方型座，籤舍部份則三面用玻璃圍封，籤舍中或奉有觀世音菩薩立像，或擺置日本式山門，後有一位日本女郎，籤舍前方設有投幣口及退幣處，需要求籤的人，只要投下十元或二十元硬幣（各處金額不同），神像或女郎會前後移動一下，隨即滾出一個圓塑膠球，敲開圓球，籤詩便在其中。

嚴格說來，只能算是自動販賣機式買賣行為的自動靈籤舍，實和傳統問神求籤的行為全然不能扯上關係，但擺在風景觀光區的自動靈籤舍，生意竟然不壞，唯一能解釋的就是現代人的無聊吧？

●自動販賣籤詩的靈籤舍。

運籤

傳統社會中，由於資訊普遍的不發達，人們對於神明的依賴，自然較高。善信們，遇到不能解決，或者非自己所願的事情，大多求神明指示，以為處理的憑依。神明為處理人世間所有的疑難雜症，只得分科來辦理，以求籤為例，便有運籤和藥籤，以應付善信們不同的需要。

所謂運籤，乃指斷定運氣之籤，籤中所指示的都是未來的吉凶福禍、或者行進舉止、或者該特別提防的事。現代人常求的則是事業、前途、愛情……可謂無所不能的運籤，正是信徒所求最多的籤，只要設有籤的大小廟宇，必不會缺運籤。

每年年初，有些寺廟要請神指示未來一年的天象與豐嗇，所求的四季籤或公籤，也是利用運籤。

首邑縣城隍
第二首
于今此景正當時
看々欲吐百花魁
若能遇得春色到
一洒清吉脱塵埃
弟子陳連樹敬謝
首邑縣城隍
第四首
風活浪淨可行舟
恰是中秋月一輪
凡事不須多憂慮
福祿自有慶家門
弟子李大在敬謝
首邑縣城隍
第五首
只恐前途明有变
劝君作急可宜先
且守長江無大事
命逢太白守身邊
弟子蔡進生敬謝
首邑縣城隍
第六首
風雲致雨落洋々
天災時氣必有傷
命內此事難和合
更逢一足出外鄉
弟子蔡江敬謝
首邑縣城隍
第八首
禾稻看々結成完
此事必定兩相全
回到家中寬心坐
妻兒鼓腹樂團圓
弟子郭水源敬謝
首邑縣城隍
第九首
龍虎相隨在深山
君你何須背後看
不知此去相愛誤
他日與君却無干
弟子蘇再傳敬謝

●台南首邑城隍廟的運籤。

藥籤

舊時的台灣，由於醫療不發達，加上氣候悶濕高熱，自古被認為是瘴癘之地，惡疫經常發生，人們在束手無策之餘，往往求神問卜，以醫療患者，藥籤便是人們向神明求藥方典型的一種方法。

藥籤的內容，其實就是一帖帖的藥方。然而，並非每一種神明都能替人看病，因此並不是每座廟都設有藥籤，設置者大多跟醫療有關的神明，如保生大帝，天醫真人或者孫悟空……等，這些設有藥籤的廟，所設的藥籤也有多種，像內科藥、外科藥、眼科、婦人藥以及小兒科藥等等，彷佛就是一家綜合醫院。善信若久病不癒，可求神做主後，依不同的科別求得不同的藥籤，再依藥籤上所開的藥方，到藥店去抓藥服用。

憑抽籤的或然率來抓藥服用，是一件相當冒險的事，但時至今日，仍有不少人相信藥籤的神靈。

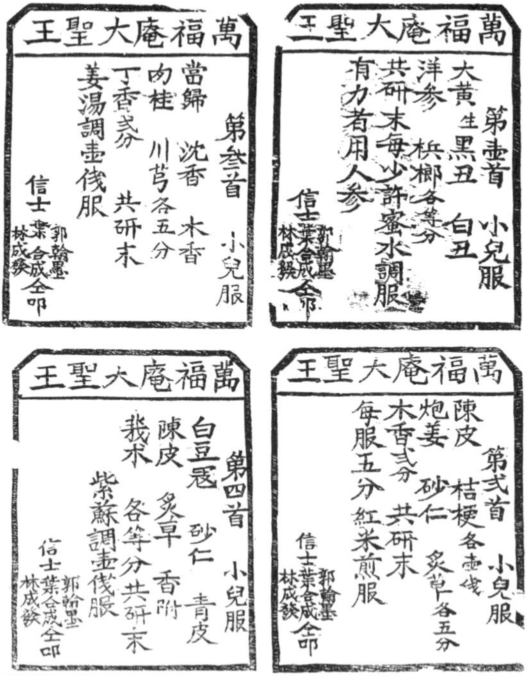

萬福庵大聖王
第壹首 小兒服
大黃生 黑丑 白丑
洋參 梹榔各等分
共研末每少許蜜水調服
有力者用人參
信士郭翰墨 葉合成 林成發 仝叩

萬福庵大聖王
第叁首 小兒服
當歸 沈香 木香
肉桂 川芎各五分
丁香弍分 共研末
姜湯調壹錢服
信士郭翰墨 葉合成 林成發 仝叩

萬福庵大聖王
第弍首 小兒服
陳皮 桔梗各壹錢
炮姜 砂仁 炙草各五分
木香弍分 共研末
每服五分 紅米煎服
信士郭翰墨 葉合成 林成發 仝叩

萬福庵大聖王
第四首 小兒服
白豆蔻 砂仁 青皮
陳皮 炙草 香附
莪朮 各等分共研末
紫蘇調壹錢服
信士郭翰墨 葉合成 林成發 仝叩

●台南萬福庵現存木版刻製的藥籤。

草藥

醫療系統的神明中，除了設有藥籤供民眾求用，有些寺廟另備有草藥，擺在案桌上供民眾取用。

案桌上的草藥，主要是因應早期社會，貧困的人士相當的多，生了病到廟裡求得藥籤，卻沒有錢抓藥，神前的草藥可免費取用，成了一種救濟性的免費施藥；它的第二個功能則是做為藥引，民眾求得藥籤後，取用少數神前草藥和藥店抓來的藥一同煎服，俗謂更能獲得神佑而療效倍增。

經年擺在案桌上的草藥，都以乾草藥為主，每種少量約有一、二十種分置於木製的小盒子中，任人取用完後，廟方會自動添補。草藥的種類，一般以具有健胃、祛寒、解毒、清熱、涼血、散結……等療效，且本地可採得的草藥居多，如車前草、蒲公英、通草、虎杖、澤蘭……等，這些藥大多無太激烈的效用，即使吃錯了也不會導致致命的危險。

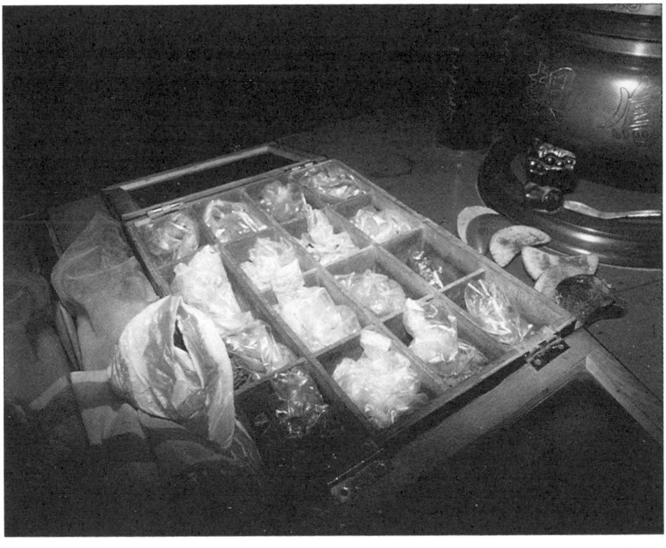

●鹿港朝鳳宮神案上的草藥。

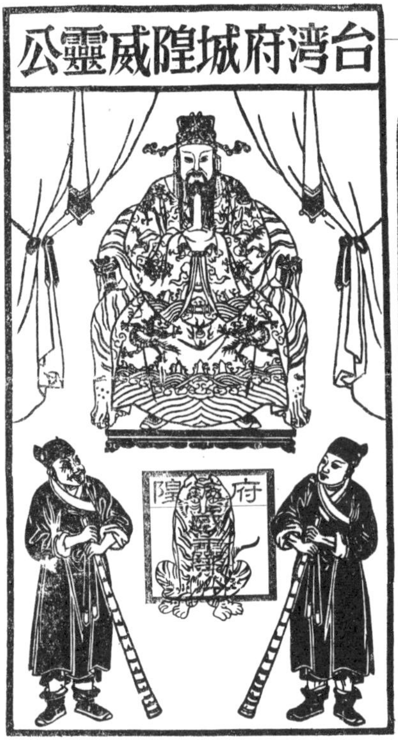

●虎將軍符以及城隍爺平安符。

平安符

人們經過祈求和占卜，獲知自己的運氣不好，或者所祈之事不能如願，便得設法尋求補救之道，符籙為眾多補救方法中，最常見的一項。

台灣通俗信仰中的符籙頗多，用途也各異，有加害他人的催命符；有驅邪辟煞的驅邪符；有壓制火災的鎮火符；有息風止煞的止風符……，最普遍的仍是一般寺廟中常見，可保平安的平安符。

平安符的形式並沒有一定的限制，除有符首和符膽外，大多有主神名號、八卦及鎮宅平安等字樣。這種慣見通用的平安符，任何善信都可求乞，神明允諾後，將符在燃燒中的香上環繞三圈，以增添神靈，便可帶回家擺在神案上，或者裝在小紅袋裡掛在車上、帶在身上……以祈隨時保佑平安。

光明燈

一般信徒們慣以用祈求消災祛禍，庇佑闔家平安的方法之二是點光明燈。原意味恒長光明的光明燈，早期並沒有固定的樣式，晚近一、二十年，因受許多寺廟「企業化」經營的影響，光明燈遂成圓塔式層層疊嶂的型式。每一層都有無數小格，格內有一小燈及佛陀浮雕像，或者紙像，需點燈者向廟祝報名、添了香油錢之後，廟祝便把信士姓名填上其中一小格的玻璃上，並燃亮小燈，寺方每於初一、十五，還請專人誦經，以祈消災降福給點燈人。

點光明燈大多以一年為期限，每年新年開春是報名點燈之期，過元宵後燈便開始點燃，直到次年元宵，有需要者當然可以續點，若錯過此期，臨時需點燈者，只要還有空格，隨時都可以開始點起。

小小的一盞光明燈，一年的收費少則六、七百元，多達一、兩千元。一座光明燈塔可供數百人點燈，收入相當可觀，早已成為寺廟的生財之道，有些寺廟的光明燈塔，甚至多達五、六對之多。

●每年開春，寺廟都忙着為善信點光明燈。

5／牲醴祭品

祭品

民間信仰中的祭求神明，嚴格說來，是一種賄賂性的行為，人們對神明有所求，必要對神明有所奉獻，祭品正是賄賂品，人們用它來敬神和酬神，也可以慰藉孤魂，甚至用來賠罪謝禮，用途不同，祭品的內容和式樣也大不相同。

早期台灣的常見的祭品，大體可分牲醴、四果、鮮花、菜碗、酒、糖果以及山珍海味等。每一種祭品祭祀的對象都不同，代表的意義也不一樣，每逢祭典，家家戶戶都必須忙着準備，構成一幅熱鬧而生動的畫面。八〇年代以降，因受工商社會的影響，祭神的意願相對減低，加上人民的生活較為繁忙，許多祭品都用現成的罐頭或速食品替代。

●祭祀神明，大多會用到許多祭品。

牲醴

牲醴是民間祭祀最普遍的祭品，無論是敬天祭神、祀鬼崇厲、或者是祭拜祖先，都會用到牲醴。為了區分神、鬼與祖先的不同，人們以不同方式處理牲醴，以區分祭祀的對象。

大體而言，家禽家畜宰殺之後都可以做為牲醴，其中以豬、雞、鴨、鵝、魚為最多，人們以生與熟、全與不全、五牲與三牲來區分祭祀的對象。生的牲醴表示崇高和敬而遠之兩種含意，表現崇高意義的生牲必須大而全，置於供桌、高台上，如獻祭的全豬全羊、拜天公的神豬等；敬而遠之的生牲都僅一小塊，直接擺在地上，如除煞時祀五鬼的生豬肉塊等。熟牲代表親切信賴，如祭祀角頭廟神明、家神或祖先等，都用煮熟的牲醴。

●牲醴的種類繁多，祭祀的對象包括鬼神兩界。

全牲與半牲

牲醴除有生和熟之分，更有全牲與半牲的差別，兩者隱含的意義雖然相當接近，卻不完全相同。

全牲是指全豬、全羊、全雞、全鴨等，表示對祭祀的對象最為崇敬。半牲為截取動物的某部份為牲醴，如豬頭、豬肉、半雞、半鴨、內臟……等，一方面是經濟因素的考量，同時祭祀的對象也是與人較接近而敬仰不那麼崇高者，一般的家庭祭祀都以半牲為主。

一般而言，全牲可單獨為一祭品，如全豬及全羊都是民間重大祭典或建醮活動時常見的祭品。民間為使全牲更具可看性，都會加上許多的裝飾，如華麗的豬羊棚，或者以雞、鴨裝扮成的看牲等；至於半牲，則無裝飾性，而以種類的多寡分成五牲及三牲。

●半牲乃指取動物的某部份爲牲醴。

●義民節祭典中的神羊，便屬全牲。

五牲

五牲為民間祭品半牲中最隆盛的牲醴，原有象徵全牲之意。舊社會中社會經濟較為匱乏，許多家庭無力負擔全牲，遇有重大祭典或拜天公時都以五牲替代。

舊時的五牲，必包括豬頭（或半豬）、雞、鴨、魚、內臟，或者後四種用其他乾貨替代。豬頭並附有豬尾，表示有頭有尾之意。晚近因社會的變遷，舊五牲雖仍可見到，但愈來愈多忙碌的現代人，以取得容易的雞或鴨、魚、蛋、豆干、魷魚甚至飲料、速食麵等合成五樣，稱小五牲替代之。祭品雖簡略了，如果善男信女們崇祀之心仍不減，也許神明還不會太認真計較吧！

●五牲或三牲，乃是以牲醴的數量來區分。

三牲

三牲其實是五牲祭品減少二種而成三牲祭品。一般三牲的用途都在於祭祀角頭神、家神、土地公或祖先等與民間親近而關係密切之神。豬頭則被小塊長條型的豬肉取代，只配上雞或鴨以及蛋或魚等東西，原放置在中央的豬頭，換成豬肉後，地位也退為旁牲。中牲則是全雞或全鴨瓜代，因其有頭有尾，民間寓其意而置中以貫之。

屏東沿山地區，則以豬肉為中牲，並有「肉頭魚尾」的習俗，也就是豬肉和雞肉頭面對神明，魚則尾巴面對神，民眾至廟中祀神時，必依此規矩擺置，若錯置或不當，童乩甚至會當眾糾正。

雞、鴨、豬肉……等的組合，稱為大三牲。另有小三牲，小三牲大多以豬肉為主祭品、另兩項則以麵粉製品，蛋類或豆類製品為主，原為祭祀又遙遠又非祭不可的對象，如遊魂、神將等祭品。近年來，簡單易備的小三牲有逐漸取代大三牲的趨勢。

麵豬麵羊

民間舉行盛大的祭儀或醮典之前，大都有一段齋戒期，這時期所有的祭品都必須為素食品。早期以豆類和麵粉食品為主，如豆干、豆腐或麵筋…等，後為求變化與豐盛，乃以麵粉仿製各式牲醴祭神，以示隆重之意。

早期的麵製祭品，大多仿製三牲或五牲，是素食人家用以祀神的主要祭品。後來逐漸出現麵製的全豬或全羊，以應齋戒期之需。七〇年代以降，許多善信為求隆重祀神，又為節省經費或避免全豬全羊祭神後造成浪費，許多善男信女們都改獻麵豬麵羊祭神。台北市內湖的太陽堂，每年太陽公生日，按例都要備九豬十六羊祭拜太陽，只是這個太牢之禮，已全部改用麵豬麵羊替代。

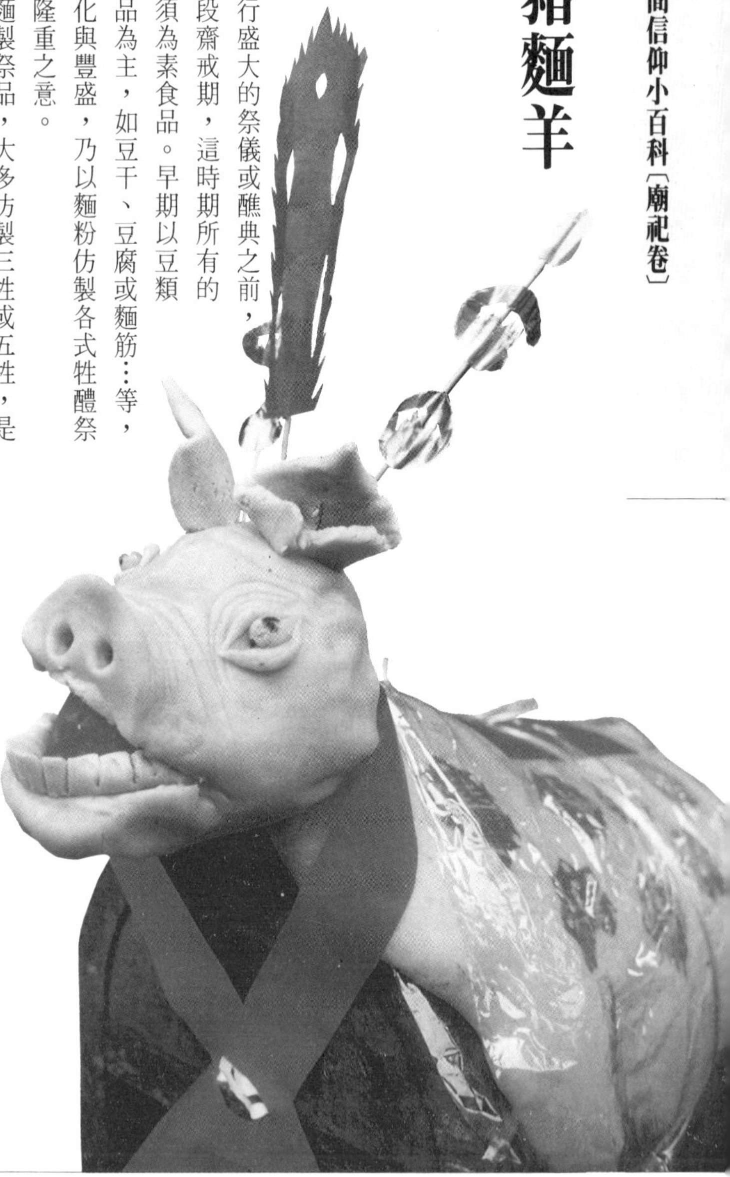

●麵豬常用來代替全牲。

素菜（菜碗）

素菜是小規模的齋戒法會，或家庭祭祀佛祖等神格崇高之神明，才可見到的祭品。民間採用素菜祀神，大多用象徵性的少量而已，並用碗裝盛，也被稱為菜碗。

菜碗大都以十二種為一組，全都為乾貨，如金針、香菇、木耳、海帶、松茸、筍乾、芋頭、麵筋、豆干、豆皮、花生、花豆、紅豆、綠豆……等，內容並沒有限制，以採買者的方便為主。

一般而言，菜碗並不屬於日常祭品，而是特殊法會或需要而準備的，法會或事情結束後，菜碗大多也撤走，換上四果或餅乾等日常祭品。

▼素菜都用碗裝，並用少量而已。

四果

民間家庭日常的禮佛或敬神，祭品大都選用能擺長久的，如水果、糖果或者其他乾貨。

水果被用來當成祭品，則都以四果稱之。四果原指四時之果的意思，後來許多人解其意，以為祀神必備四樣水果而稱四果。道教道場中的水果，則備五種水果代表金、木、水、火、土，稱為五果。

一般而言，除了蕃茄、芭樂兩種子多而硬，人吃後不消化，排洩出來後仍可發育結果的水果，因不潔而不能祭神外，其餘四季出產的水果都可擺上供桌，其中又以含有吉祥之意的水果，如鳳梨、釋迦、葡萄、柑橘、龍眼……等最受歡迎。

●取四種水果祭祀，稱爲四果。

五果

民間俗稱的四果，所指都是水果，且種類不限。五果卻是專指名詞，所指也不全是水果，而是五種分別代表五種不同含意的祭品。

民間祭典中的五果，分別是香蕉、李子、鳳梨、米糕和生仁，分別代表招、你、來、高、升，福佬話讀來，正是一句最受用的吉祥話。因此在許多祭典的場合中，都可見到五果，有些寺廟甚至長期供奉五果，以替善男信女們祈求「高昇又發達」。

●寓有吉祥含意的五果。

五齋

五齋是民間用以表現虔敬與慎重，特別準備的祭品，意指五種素食，每樣東西都代表不同的含意。

五齋包含的五項祭品，有一定規矩，分別是代表金的金針，代表木的木耳，代表水的冬粉，代表火的香菇，以及代表土的筍乾，意寓天地五方皆來祭祀，或說象徵內外五行相生。

金針、木耳等東西雖然普通，但寓意卻最為隆重，一般都於祭祀天地、崇祀節孝等特別重要的祭典中，才會準備五齋祀神，一般的場合中，並不容易找到。

●代表金木水火土的五齋。

六齋

六齋是民間祭祀用品中，較少見的一項。大體而言，僅出現在較正式的獻祭之禮以及較重要的祀神儀式中，如拜天公的頂桌上，必得備六齋。

以六種齋食為主的六齋，項類並沒有太嚴格的規定，大都為民間常儲存的乾貨，如金針、木耳、香菇、筍乾、蠶豆、桂圓、紫菜、海帶……等，另有些家庭常見的素菜，如菜心、豌豆、豆苗……等皆可，只要取其中六樣，放置在小碗中，併排供神便可稱作六齋。

▼六齋乃指六種齋食。

山珍海味

農業社會時代，人民的經濟力較弱，加上物資匱乏，山珍海味自然成了人們心目中最高級、最精緻的食品，用這些東西祭神，顯示了人們最大的誠意。不過祭品中所指的山珍海味，並不是熊掌、魚翅之類的食物，完全改用象徵性的代替品。

經常被運用到道場、醮場、法場或春秋二祭等重要場合的山珍海味，所謂的山珍是薑、糖、豆等三項，海味則以海鹽代替，四樣祭品都取少量，用小碟裝盛。這些祭品表面上雖最普通不過，卻因含有深意，又常在齋戒期間的祭場被派上用場，在民間信仰中，一直被視為重要祭品。

▼山珍海味乃象徵性的祭品。

滿漢全席

祀神的祭品，除了傳統的五果六齋、三牲五醴之外，八〇年代以降，因受社會風氣浮華的影響，象徵富貴豪華的滿漢全席也搬上了祭台。

滿漢全席為清代發展出的一套菜譜，包羅滿族及漢族最重要、可口的食物以及各種稀珍料理，如猴腦、熊掌、燕窩、魚翅⋯⋯可謂是飲食之大觀園，一般僅在王公貴族間才可見到，台灣社會繁榮以後，市街的餐館也常以滿漢全席招徠顧客。

民間祭典中的滿漢全席，自然比不上實品珍貴豪華，但仍相當可觀。一般分為「大滿漢」及「小滿漢」兩類，前者七十二道菜，僅見於大規模的醮典之中，後者三十六道菜，常見於民間的祭神，菜的內容乾濕都有，五花八門、包山包海，舉凡雞鴨豬肉、魚蝦貝類到鮮花素果，只要民間想得出來的祭品，都可以是滿漢全席的部份。

●滿漢全席乃以多取勝。

金銀財寶

林林總總的祭品中，金銀財寶也是民間正式祭典中，不可或缺的祭品。尤其是民間最為重視的三獻禮或五獻禮中，所謂的獻帛，便是獻祭金銀財寶。

獻祭場合所用的金銀財寶，當然不是真正物品，而是用金、銀色紙糊成元寶及金條狀的東西，底部用一小托盤裝盛，獻祭之後，必須在望燎時連同其他金紙一併焚燒，表示把金銀財寶獻給神祇享用。

人們奉獻金銀財寶給神明，主要的目的還是希望神明能夠保佑人們添財進寶，甚至加官晉祿，世代永享。

●金銀財寶都是用紙紮的。

●每種生菜都有象徵的意義。

生菜

生菜被應用在民間信仰中，僅在特殊的例子中可見，它和牲醴中的生品用來祭祀天神或厲鬼的崇敬和祭煞意義極不相同，而偏重在象徵性的寓意。

民間祭神的生菜，大多僅芹菜、蘿蔔（菜頭）、蒜、蔥等項，另添桂花枝，都用來祭祀文昌帝君或魁星爺。芹菜象徵勤勞，蘿蔔祈求好彩頭，蒜以增加算術能力，拜蔥為祈聰明，桂花則希望增添一點貴氣。

文昌帝君或魁星爺的祭典時，家長會帶著孩子到神前祭祀，希望成長中的孩子變得聰明又會打算盤。

這些普通的生菜，善信用之祭神前，先得洗淨，還得用一小塊紅紙綁在菜上，以討喜氣與吉祥，更可增添美觀。

鮮花

近年來，用鮮花、水果祭祀神明，已成工商業社會中，忙碌的人們最方便張羅的祭品。事實上，古來鮮花就是神壇前常供的祭品。花也就是「華」，寓意華麗，又與發諧音，希望愈祭愈發。

民間用來供置於神案前的鮮花，從生植的松、榕、竹、蘭花、水仙、菊花……到插置在花瓶中的牡丹、梅花、桂花、蓮花、劍蘭、萬年青……種類相當繁多，另還有純為增添香氣的，如含笑、玉蘭、茉莉、夜來香等，也常用來供神。

鮮花雖是供神佳品，但也有些禁忌，如長刺的，香味過於濃烈或顏色、形狀過於奇特的，一般人都避免供在神案前。晚近因年輕一代的新起，玫瑰、天堂鳥等花卉已不被視為禁忌，且花不再只是插在花瓶中而已，各種流派的插花藝術，也紛紛出現在佛堂神殿中，因而，枯木、礎砧石也都上了供桌。

●玉蘭花是祀神最常見的香花。

糖果

代表甜甜蜜蜜的糖果，自古以來便是民間常見的祀神祭品，至今這類祭品仍常置於各種神案前，差別之處僅傳統的糖果都是自製的，現今則清一色用市售的現成品。

舊時人家祭神用的糖果，大多僅冬瓜糖、桔餅或生仁果、冰糖等少數幾項。前三項民間都可以自己熬製，日治後市售這些糖果漸多，許多人家才改買現成的，但種類並沒有增加太多。七〇年代以降，社會繁榮使得糖果的種類日日新增，民間祀神的糖果也隨時改換新口味。

除了傳統的糖果之外，市售的各種盒裝餅乾、速食品甚至是罐頭製品，具有久置不壞的特點，常取代糖果奉在供桌上，成為平常時日長供的祀神之物。

●糖果爲甜蜜的象徵。

茶

茶是人們日常的生活中常見的飲料，也是祀神祭祖必備的東西。一般的神明或祖先靈前，平常都供有三杯清茶，家宅的土地公前，則僅置一杯或三杯，神廟中供的茶，則供有六杯或十二杯。

長年供置的茶俗稱神茶，視人民祭祀的情形而更換。虔誠的客家人，早晚上香拜神時，同時也會添或換神茶，另有人每逢三、六、九日固定換神茶，土地公靈前的茶，大多是做牙祭拜時才更換一次。無論多久換一次，敬茶時以小杯的八分滿為宜，最忌諱的是杯中的茶乾涸見底。

除了泡好的茶水，也有以茶葉上供者，但僅限室內的神壇佛殿為主，且都屬短期祭品，較少長期供拜者。

●獻祭時，特別泡的茶，用以獻給神明。

酒

酒和茶在民間祭禮中的地位相當接近，但因酒易蒸發，一般都在祭典時才敬酒，平時僅敬茶以代酒。

祭典中敬酒的用意，取其又名「美祿」，民間甚至認為：「無酒擲無筊」。無論在大小祭典中，酒是不可少的東西，家庭祭祀時，案前需備三或六只酒杯，上香後先斟一次酒，然後每隔一段時間再斟一次，撤供前必斟過三次酒才行。

寺廟祭典或道士法會中，神案上的酒杯可達十二或二十四只，也需先後斟三次酒。古禮中，還有禮獻三酒的科儀，分別獻上事酒、昔酒和清酒，現今則已失傳，連意義都很少人懂得。目前民間祭典中的三獻禮，其中一獻往往就是獻酒，可見酒在民俗祭典中的重要性。

●祭典時必備有酒，表示敬獻美祿。

香水和花粉

香水和花粉為婦女常用的化粧品，在民間信仰中，屬於較罕見的祭品，祭祀的主神僅限於女性之神，祭拜者也都是女性。

台灣歲時節俗中，每逢七夕日，民間都要祭祀七娘媽和織女星，中秋時節，民間祭祀月娘，相傳少女們若準備香水、花粉、針線等祭品，祭祀上述的主神，祭祀完後將一半的祭品拋到屋頂或燒化，另一半留給自己使用，謂可以更漂亮、更動人且更精於女紅，因此每逢這兩個節令，總有少女準備香水、花粉和針線等，祭祀女性神祇。

此外，中元普渡時節，也會有人準備香水、花粉，普渡早夭的少女們。

▼鏡子、花粉，主要是獻給女鬼用的。

米糕

民間俗祭品中常會使用各種糕點，因發音與福佬話中的高同音，寓意「步步高陞」。除了這個籠統的意義，每一種糕點都有不同的含意，米糕則是最常見的糕品之一。

許多寺廟金香部所販賣的金香，都附有一小塊的米糕，主要的作用是可供沒帶祭品的善信權充糖果祭品。若在觀音佛寺的祭典，或在農曆六月六日開天門之期，米糕則是象徵補運之物，民間俗信，在觀音神廟前用米糕及桂圓（龍眼）乾祭拜，完後剝開桂圓殼，置在米糕上，剝幾顆便可為幾位家人補運。許多善信每於初一、十五或六月六日，都會到佛寺中以米糕祭祀，以祈補運。

●米糕祀神，以祈高昇。

年糕

年糕是新年期間特有的糕點，寓意「年年高陞」，以糯米磨成米漿蒸熟而成；台地的年糕分鹹、甜兩種，鹹年糕加入肉塊、鹽、蝦米、香菇等物混合蒸熟而成，甜糕則加入烏糖，福佬人稱烏甜粿，客家人稱甜粄。無論鹹糕或甜粿，都必須蒸七、八個鐘頭左右才會熟，相當費時費事！

年糕最主要的用途是除夕祭拜天公。除有喪事未滿百天的人家，除夕不拜天公外，一般人家都得用年糕及五牲祭祀玉皇大帝，以感謝過去一年的眷顧。

農業社會時代，人民的食物匱乏，年糕更「可供宴客及食用，為春節最入時的食品。甜粿，可生（冷）食，或煎油或加卵粉煎食。」（吳瀛濤《台灣民俗》），新年的吉祥話中，更有：「新年食年糕，步步又高陞」之類的，客家人特別喜歡在正月廿天穿日煎年糕全家共食，謂「食日珠金」。

繁華豐富的現代社會，年糕仍是家家必備的新年食品，許多人只是到市街購買一小床用來拜天公，至於吃年糕，恐怕多數人都敬謝不敏了。

●年糕爲新年主要的祀神祭品。

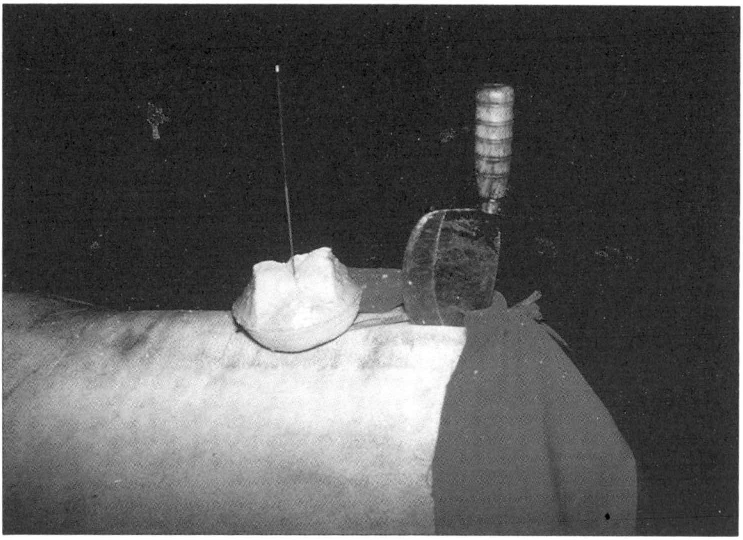

●發粿可象徵發財富貴。

發粿

發粿或稱發糕，是新年期間必備的粿之一，也是其他歲時節俗，以及祭祀禮儀中常見的粿點。

用在來米或蓬萊米碾成米漿，壓乾水份，打成糊狀再加入發粉，蒸三、四個鐘頭才熟的發粿，主寓「發財富貴」，新年吉句謂：「甜粿過年，發粿發錢，包仔包金，菜包呷點心。」

發粿主要是用來象徵發財，蒸得是否夠「發」，也就顯得特別重要。民間判斷發粿的發與否，端視表面是否隆起龜裂，龜裂得愈深愈長，表示愈發，反之則否。民間也以是否夠「發」，預判來年家庭及事業的概況。新年期間，許多家庭更將春花插在發粿上，置在神案上祀神祭祖，一方面增顯新年喜氣，同時也象徵春發之意。

龜粿

自古被視為長壽象徵的龜，也化身成各種形式，出現在民間祭品中，紅龜粿、麵線龜、米龜等項為其中的典型。

以糯米製成粿皮，內包紅豆沙或花生粉製成的餡，整體通紅的表皮上，印有龜型的紅龜粿，是最普遍的龜粿，應用的場合也最廣，凡舉神明壽誕至民間婚慶或弄璋之喜……等各種場合都可見到。早年，每逢祭典時節，家家戶戶都忙著炊製龜粿，如今，寺廟旁都可見到擺攤販賣紅龜粿的小販，省掉了許多人的麻煩。

紅龜粿之外，更有麵線龜、花生糖龜、米粉龜、糕餅龜、水果龜、米包龜…等，大可製成數千斤，小僅四兩或半斤。無論大小，都可供信徒乞求，若主神蒙允，可將龜搬回家食平安，但來年必須準備一個更大的還願，並供其他信徒乞求。

●造型可愛的麵粉龜。

粿塔

民間常見的粿，大致可分為內有包餡和不包餡的兩種。祭神用的祭品大多是有包餡的粿為主，鼠麯粿、紅龜粿、菜包粿等都是常見用來祭神的粿類。

鼠麯粿又稱刺殼粿，最大的特徵是粿包摻有鼠麯草揉製而成，內包有甜或鹹的餡；紅龜粿則是粿皮染紅，印成桃型或龜型的粿，菜包粿裡包的都是菜餚，如蘿蔔、鹹菜、豬肉……等，呈半圓形，上有一捏出來的嶺，因狀似豬籠，客家人稱作豬籠包。

一般人家祭神大多以八或六對粿為祭品，但也有富裕的人家，或因許願得償需隆重還願者，會用數百個，甚至上千個粿堆成粿塔，疊成兩、三個人高，成為祭場中最壯觀且最引人注目的焦點。

●巨大的粿塔，引人注目。

湯圓

湯圓也是粿一種，因其小而圓，亦俗稱為圓仔，常被視為團圓的象徵。

台灣民間最常出現湯圓的時節，除元宵、冬至與送灶……等歲時節俗中，舊時六月十五還有半年圓之俗。

元宵節吃的湯圓，就叫元宵，大多為內有包餡的湯糰；冬至時吃的冬節圓，則是小而不包餡的湯圓，共染成紅、白兩類，紅的稱金圓，白的叫銀圓，可煮成甜鹹兩種，再分盛在小碗中用以祀神，完後再供全家人食用，俗謂吃了冬節圓，又增長一歲。此外送灶時，早期人民也都要搓湯圓，共把湯圓貼在灶上，以示封灶神之口，晚近因傳統大灶的減少，送神時也漸少見到湯圓了。

●現今的湯圓，種類繁多。

五味碗

五味碗顧名思義，乃指用五個碗分陳五味為祭品，祭祀的對象大多是地基主或家宅附近的有應公之類的孤魂野鬼，為民間祭祀中，祭品最普遍、最簡單的一類。

五味碗祭祀的對象神格最低，碗中陳列的內容也毫無限制，大多是一般家庭日常飲食的菜餚，乾、濕、生、熟皆可，不過仍以熟食為多。如果菜餚的種類夠多，五碗都裝菜餚，飯則另外裝盛，若菜色不足五樣，飯也可權充其中一樣，顯示五味碗實為最簡略，最不受人們重視的祭品。

●普渡場中的五味碗，用以祭祀孤魂野鬼。

五穀籽

五穀籽雖也是民間常見的祭品，卻不是用來祭神，而是專門用來壓尾的祭品。

所謂五穀籽，指豆、穀、銠（鐵片）、釘、銀（錢幣）等五樣，也有些地方多加了木炭。豆指雜糧，穀示五穀豐收，銠乃是犁頭鐵，表示耕作之意，鐵釘象徵代代出壯丁，銀錢則示富裕豐盛，木炭寓意為紅錟發達。這些東西大多在重大的祭典，如道場法會、醮祭、普渡的最後科儀中派上用場，祭祀之後被撒在醮場中、安龍之處或者拔起的燈篙洞中，再埋上土，以祈境內善信皆出丁、發財、五穀豐收。

五穀籽也出現在喪葬禮俗中，亡逝者下葬入土後，子孫得在墳土上撒上五穀籽，每撒一項都得喊一句五穀豐收或者代代出丁之類有關的吉祥話。孝男和孝女們還得用孝服裝一點五穀籽回家，以示感念先人開基創業的不易。

●喪禮中，孝男孝女們用孝服接五穀籽。

●五穀籽每一種都有不同的寓意。

●紅豆和花豆都是常見的祭品。

紅豆與花豆

豆向來被視為傳承生命的種子，民間的各種祭儀中，都會使用豆子，以寓生命不息之意，諸如豎燈篙、葬禮、婚俗以及大規模的正式祭典，不同的豆子，都扮演著不同的角色，象徵不同的意義。

民間常用來當作祭品的各種豆子，包括紅豆、綠豆、花豆、豌豆及白豆等，前四項常用於喜慶活動或者迎神祭典中，諸如獻祭中的五穀籽，其中必包括紅豆或者綠豆，一般的婚慶之中，也都用紅豆或綠豆做為甜點，以示甜蜜圓滿。

黑豆及白豆則用於喪葬祭禮中，逝者入土之後，新墳之上必撒五穀籽，這裡所用的豆就用白豆以及黑豆，由孝男和孝女將這些種子撒於新墳之上，乃是希望每一粒種子都能生生不息，代代相傳。

●年頭年尾，常可見到柑橘祀神。

柑橘與鳳梨

柑橘和鳳梨這兩項水果，主要出現在兩種場合，一是新年期間的祭禮，二為普渡的豬公口中。

柑橘為代表甘願、甘心、甘美與吉祥之物，因場合的不同而有不一樣的解釋。新年時在柑或橘上圍上紅紙條，供在神桌上，象徵一切甘甜美好。中元普渡時，神豬的嘴裡大多會咬一顆柑或橘，則代表甘願犧牲獻祭給神明之意。婚禮中請新娘下車，必用橘以相迎，乃為祈求吉祥。

鳳梨又稱旺來，新年祀神祭祖，供桌上都置這項水果，以祈求興旺常來。至於普渡時期，神豬嘴裡若不是咬着柑，便用鳳梨替代，民間的解釋是象徵王來，也就是暗譬此豬為眾豬之王的意思。

▶鳳梨常被用作新春的迎春花。

▼咬上鳳梨的大豬，寓意「王來」。

蓏粩與米粩

民間祭典所用的祭品中，蓏粩和米粩是較特殊的一項，這兩種可謂是一體兩物的祭品，一般僅在新年，喜慶或婚禮中才可見到，正式祭祀中也有人拿來充作壽果，分盛在小碗中以為供神。

外型呈橢圓狀，用麵粉油炸而成，內中空，外沾蓏粒或米粒，依沾物的不同而稱蓏粩或米粩，是一種香鬆可口，甜軟宜人的食品，也被視為具有性象徵的祭品，「因其外形狀如同陽物，外皮又沾上蓏與米這類生命力很強的種子，一見便能悟出是象徵繁殖。」（董芳苑《認識台灣民間信仰》）。

蓏粩和米粩除了用來祭神，也最常被用來作新年甜點，招待來訪的客人，此外，它也是相當好的休閒食品，一年四季在雜貨店或便利商店中都可以買到。

●新年祀神，常用蓏粩或米粩。

紅棗與桂圓乾

民間喜慶或新春的祭祀中，常會用到許多寓意吉祥或招福的祭品，紅棗和桂圓乾乃為最典型的祭品。

紅棗最常用於婚嫁中，民間俗諺：「吃紅棗，生子早」，此外，用作祭品的油飯上，也常可以看到紅棗裝飾其上。

桂圓乾乃指龍眼乾，一般都稱作福圓，冬夜的街頭，常有小販販售熱騰騰的福圓湯，民間喜慶辦桌時，最後的甜點往往就是福圓湯，乃因此物寓福氣圓滿。此外，補運祭典時，米糕之上必置和家人同樣數量的剝殼桂圓乾，除了表示為全家人補運，也喻全家團圓之意。

▼紅棗常常和其他東西一起供神。

冬瓜糖與生仁糖

新年期間的祭品，大多寓有甜蜜、圓滿和傳承之意。冬瓜糖和生仁糖都是典型的甜蜜食物；用冬瓜加蜜糖熬成的冬瓜糖，長條方型，民間常用菜碗裝盛，用來祭拜祖先或天公，新春期間，更是最佳待客的甜點。此外，新婚之際，冬瓜糖也常出現在婚宴桌上，謂：「吃冬瓜，萬代發。」

生仁糖也常出現在喜慶或新年期間，生仁乃指花生包上麵粉油炸而成，呈紅色及白色兩種，用途和冬瓜糖幾乎完全一樣。一般說來，不過，冬瓜糖出現的地方，大多可見到生仁糖，不過，生仁以花生為材，音又近生人，因而多了寓多子多孫的含意。

●冬瓜糖是最甜蜜的供神用品。

油飯與紅蛋

油飯和紅蛋為生育禮俗中特殊的食品，民間習於孩子滿月時，準備油飯宴請親朋好友，孩子周歲時，準備紅蛋饋贈左鄰右舍，有些較隆重的人家，還將這些食品充作祭品，祭祀孩子的守護神或者契父神，另外，七娘媽和臨水夫人等專司孩子養育的神前，也常可見到這些祭品。若所生為男孩，這些祭品上還會插一朵蓮蕉花以為象徵。

用糯米煮成的油飯，分甜、鹹兩種，過去都由家人自己煮成，近年因社會型態的改變，油飯較不受歡迎，有些人乃以蛋糕或其他食品替代，且都委託西點麵包製作，一盒盒分裝好，相當便利好用；紅蛋乃是雞蛋用水煮熟後，用紅麵染成紅色，兩個為一對，一方面象徵喜事成雙，同時也象徵男性的生殖器官，因而過去僅生男孩才用，現今則男女適用。

●紅蛋的用途廣泛，生男育女也會派上用場。

●得子人家準備油飯謝神，上面還插了一朵蓮蕉花。

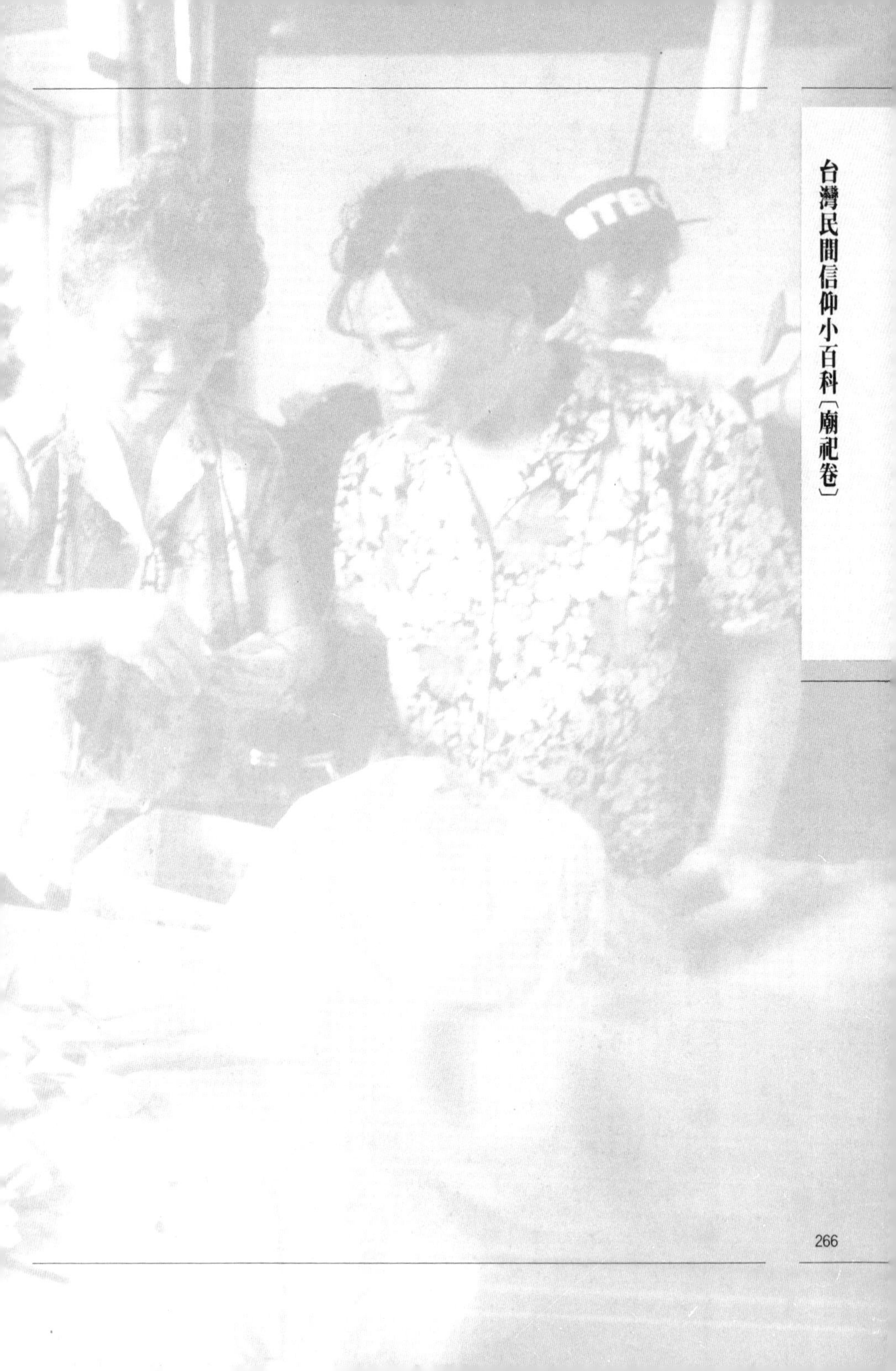

6／金銀冥紙

金銀紙的由來

民間無論祭神或者祀鬼，都要焚燒紙錢，供做神界或冥界的貨幣。祭神的為金紙，祀鬼為銀紙，有關金銀紙的由來，民間普遍流傳的傳說有二：

俗謂中國唐朝魏徵被龍王殺死後，唐太宗悲傷過度乃遊冥府，卻遇到許多孤魂，原來是他開疆拓土時，被殺死的敵軍和土匪，死後卻無處安身，太宗決定行功德，回到陽間後立刻大赦天下，廣召高僧舉行法事超渡，並製作銀錢焚燒，供孤魂使用。

紙錢的第二個傳說，謂蔡倫發明紙後，世人卻不知如何使用，蔡倫乃叫妻子裝死，他在紙上繪些圖案，邊哭邊焚燒，不久妻子復生，旁人不解實情，以為感動神明竟得以死而復生，金銀紙因而盛行。

傳說雖不可靠，金銀紙風行千年以上，卻是不容否認的，且早在幾百年前，每一種金銀紙便有特定的用途，絕對不容混淆誤用。

●加工製造金銀紙的婦人。

天公金

金紙是民間祭祀神靈不可或缺的東西。民間俗信，金紙乃神界的貨幣，民間使用各種金紙祭祀神明，之後焚燒供神，乃希望借著這種賄賂，獲得神祇的保佑或賜福。

天界諸神神格、地位不同，使用的金紙也不相同，天公金為祭祀玉皇大帝或三官大帝所用的金紙，分尺一、尺三見方兩種規格，上印有吉祥圖案及「叩答恩光」或「叩謝神恩」字樣。

天公金身價崇高，除玉皇大帝或三官大帝外，不得用來祭祀其他神祇。

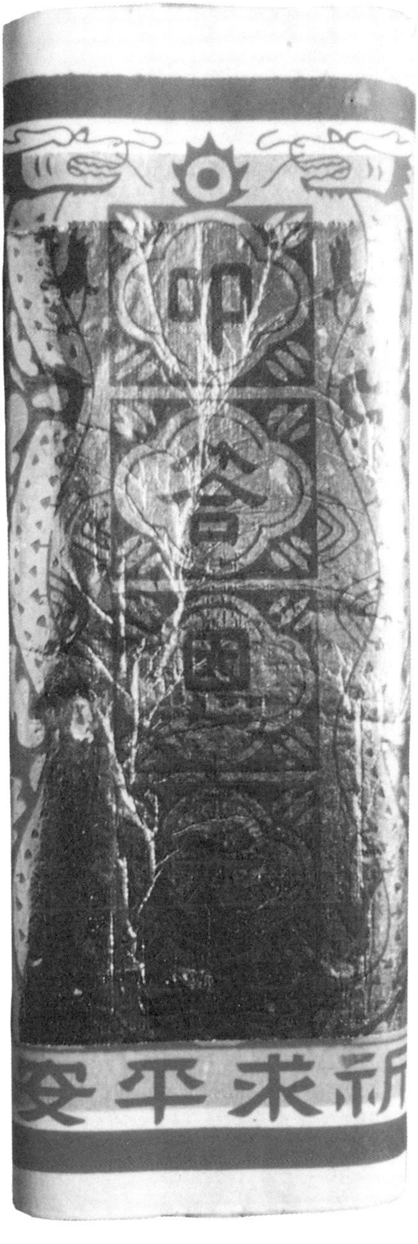

●天公金的身價崇高，不得祭拜一般神祀。

頂極金

頂極金顧名思義，乃指金紙中身會頂極者，這種金紙自然是玉皇大帝專享的金紙。

用上好紙製成，二十五張為一只，兩只為足百，十百成千，五千紮成一縛，稱為一支的頂極金，長寬為一尺三寸見方，紙上金箔的面積也較其他金紙為大，上印有財子壽三仙圖，民間俗稱財子壽金，是農曆除夕及天公生日拜天公時，民間用以表示最高誠敬的金紙。

●頂極金可燒給天界諸神。

天金

天金亦稱天尺金或尺金，因南部地區的天金都印有木尺而得名。台灣北部的天金，上刻一寶卷圖型，中有「天金」兩大字，每束約一百張，十束稱一千，五千為一支，祭祀時都以支為單位，每一支的立面也印有寶卷及天金字樣。

長約五寸寬三寸半的天金，金箔至少一寸半以上，主要的用途是祭祀地位稍低於玉皇大帝的三界公及天上諸神，或者玉皇大帝的部將，民間形式較簡單的拜天公，往往也用天金取代頂極金。

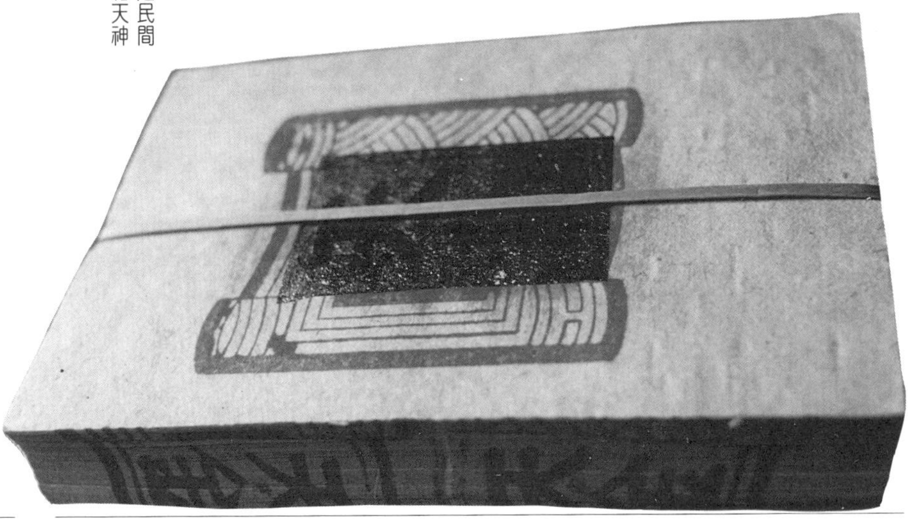

●天金也是民間常用以祀天神的金紙。

刈金

刈金為任何神祇都通用的金紙，都為長方形，長五寸，寬二點五寸，因金箔的面積不同，分大箔和小箔兩種，大箔用以祭祀神格較高的神；小箔大多用於鄉土神祇或其他地位較低的神。

民間慣以五十張為一束，也稱為一千，五千稱一支，大箔的表紙上印有財子壽三仙，小箔一般僅印蓮花，或不印其他圖記或字樣，但在每支側面倒印有商號名稱或商店圖記。

▼刈金也有大箔和小箔之分。

壽金

一般性的神祇，所能享用的金紙，則以壽金為多。

因大小的不同，分為大花壽和小花壽的壽金，大者用以祭天神，長六寸寬四寸，金箔有一寸五分見方。小者祭地神土神，長五寸寬三寸半，金箔略小，近年來小花壽漸少見，大花壽漸取代它的功用。

壽金無論大小，表紙上都印有三寸左右的圖記，中為壽字，旁繪龍鳳，或印財子壽三仙圖案。五十張為一只，兩只稱足百，十百為一千，五千為一支，祭祀神靈時最少要燒足百，多則沒有限制，完全視善信對神明的所求或誠心而定。

●大壽金側面精美的民間版畫圖案。

土地公金

土地公金又稱為福金，是民間用來祭祀土地公特有的金紙，此外也有人用來祭祀財神爺或家庭神祇。

土地公金的面積僅兩寸見方，因金箔的大小不一，分大箔和小箔兩種，前者金箔有八分見方，後者則減半，此外表紙並無文字或圖案。

一只土地公金共有十四張，兩只稱一千，街坊所販賣的土地公金以一支為單位，也就是二十只綑成一束，祭祀焚燒時最少需要一支，多則多多益善。

●土地公側面的足百印記。

金白錢

以黃紙和白紙合組而成的金白錢，為長方形的紙錢，紙上並不印任何圖案、文字，也不貼金箔或銀箔的紙錢，長約八寸，寬三至四寸，一般都橫打有十二條點線，以黃白各一為一組計，市井販售都以組為單位。

主要的用處是祭祀城隍爺、東嶽大帝等神祇部將的金白錢，一般都在主神生日時，特別購來用以犒賞神祇的部屬兵卒。近年來一般信徒都買小販處理好的「現成金」，並不問用途及祭祀對象，如此一來，金白錢漸少人使用，甚至許多人根本沒見過這種紙錢。

●金白錢是燒給部將用的紙錢。

天庫地庫

台灣地區通行的金銀紙錢中，有少數紙錢有特定的用途或者在某種場合中最為常見，天庫地庫便為其中的一類。

用金紙成紮，外裹紅印花色紙或白色紙而成的天庫地庫，每十紮為一束，紅紙紮的稱為天庫，外表全白的為地庫，顧名思義，乃為敬獻天庭和地府的庫錢。

盛行於東港系統王船祭的天庫和地庫，主要的作用是替王船添儎之用。大體而言，王船在造好之後，信徒便可前去祭祀王船以祈福，而最主要的敬獻品，卻不是一般的金紙，而是可供王船載走以壯聲勢的天庫地庫。

天庫地庫原實為兩種庫錢，由於王船添儎的關係兩種錢大多合用，使得這兩種用途截然不同的紙錢，漸被混為一類。

●善信爲王船添儎的天庫地庫錢。

甲馬

甲馬是祭祀神明的準紙錢，民間使用相當普遍，但它並不代表貨幣，而是馬、盔甲和兵士等實物的象徵。

民間每逢臘月廿四日及正月初四日，必須送神上天或迎接眾神回歸人間，祭祀時，都必須焚燒甲馬，以化為諸神的座騎，另還有盔甲供神明使用，兵士供眾神差遣。

接神和送神之期，人民需準備一個特別的火盆，一張張的焚化甲馬，以化為神明使用之物，除此外，在其他的祭典中，較少使用到甲馬。

▼甲馬於接神和送神時使用。

蓮座

民間祭典中，也常可見到蓮座。用紙摺成，狀似蓮花而名的蓮座，乃自觀世音菩薩所乘之蓮座衍生而來，因祭祀場合的不同，其功能也有天壤之別。

蓮座大體上出現在祀神與超渡兩大場合，祀神所用蓮座，場面極為隆重，大抵在祭祀天神或三官大帝較易見到，年前年後的送神與接神也會出現，目的是請神乘坐蓮座下凡或昇天，此時所用的蓮座大多用頂極金，天金或者彩色紙所摺成，狀似一朵盛開的蓮花。

超渡祖靈時，後人焚燒蓮座，乃希望藉着這種觀世音座下的法器，將逝者送往西方極樂世界，因而都用往生神咒紙摺成，造型除向上的蓮花外，一般都加有底座。

●蓮座依用途不同，造型也不同。

高錢

高錢為民間祭祀和喪禮之中常見的紙錢，因顏色區分其用途，黃色紙用來祀神，白色專門拜鬼，南部地方則分為五彩高錢祭神，黃色或白色高錢用來拜祭亡靈。

不管用什麼顏色紙製成的高錢，長約一尺，寬不到兩寸，反覆折成小長方形，中間紮有波線，用紅紙或白紙紮好為一束。喜事使用時都拉斷紅紙，拉起一頭使之成長條形，掛在祭場兩旁門側或甘蔗上，隨風飄動，相當好看，更添祭場熱鬧的氣氛，祭典結束，再連同金紙一併焚燒。

高錢也常出現在大神尪仔的腦後，充當神將的頭髮，這個部份請參閱〈迎神卷〉中〈神將高錢〉單元。

●掛在天公桌旁的高錢。

床母衣

床母衣又稱為婆姐衣，是幼兒出生時，祭拜床母專用的祭品，但並不屬於金紙，代表的是衣服料，所以形式頗似綢布料，紙面都印有雲或其他圖案。

用二十一張方形折口並紮成圓型狀，整體呈桃紅色或為黃、紅、橙、白、青五色的床母衣，十束合稱一支，民間祭祀大多以三支為單位。

除了幼兒祭祀床母衣，台南地區的善信祭祀臨水夫人，註生娘娘以及七娘媽時，床母衣也是不可缺少的東西，但還需搭配胭脂、花粉、鏡子共同使用。

▼床母衣用五色彩紙製成。

經衣

經衣代表的也是衣服料，同時還包括其他用品，為專門用來普渡孤魂野鬼的東西，粗黃紙製成，長一尺，寬三寸半左右，每一張上面都印有衣服、褲子、梳子、髮具、尺、鏡子、鞋子……等，日常用品每一張都分開，並不綑綁，也有幾張連成一長條，通常不稱只或百，而以斤為單位。

民間例於七月中元或建醮舉行普渡法會時，不只要準備山珍海味宴請好兄弟，也需準備新衣新褲供好兄弟們更換，經衣便是供給好兄弟們的衣飾。

●經衣上的各種用具，都是要獻給鬼魂用的。

五色紙

屬於準紙錢的五色紙，主要的用途有二，一是於七夕時燒化給七娘媽、床母和註生娘娘等神祇，做為神衣之用；此外，它也是掃墓必備的紙錢，客家人稱老古紙或黃古紙，福佬人則稱壓墓紙，清明祭掃先祖墳墓時，壓在墓地四周，表示替祖先修繕住所的屋頂，年年都有新居住之意。

五色紙雖名五色，但以黃、白、紅三種顏色為多，五色齊全則加青和橙色，紙為長條形，邊有鋸齒狀，中紮有兩條波線。掃墓使用時每三五張為單位，由石頭壓在墓地上，以示新祭掃過的墳墓。

▼客家人掃墓，在金斗甕上壓放黃古紙。

銀紙

銀紙是專門燒給祖先的貨幣，台灣人掃墓和祭祖都必用到，鈴木清一郎撰《台灣舊慣冠婚葬祭與年中行事》謂：「本島人在墳前擺列供品時，要把銀紙放在前面點火，相信在紙煙裊裊上升的朦朧狀態中，死者的靈魂就會來拿這些紙錢充作陰間費用。」

銀紙一般指大銀，長四寸、寬三寸，依所貼銀箔的大小，分成三種。大箔的紙質最佳，銀箔最大，表紙蓋有福祿壽字樣或三仙像；中箔所貼的銀箔略小；小箔最為簡化，二十張為一束，五束是一個基礎單位稱為一支，家族祭祖大都用大銀紙。

●大銀紙上有福祿壽字樣。

銀仔

銀仔俗稱為小銀，長和寬都只有二寸，也分大箔、中箔和小箔三種。大箔的銀箔有一寸四分，其餘漸小，二十張為一束，五束為一支，為最起碼的計算單位。

福佬人用大銀來祭祖，用小銀祀孤魂，客家人則用大銀祭祀高輩祖先，三代之內的先祖則用瘦長形的小銀（和福佬人方形的小銀有所不同）。至於孤魂野鬼，則用不貼銀箔的紙錢祭祀，以和祭祖有所區分。

金銀袋

金銀袋是台灣北部地區，清明祭掃墳墓或大規模的超渡法會時，用以盛裝金銀紙的紙袋，是用一張四開紅紙黏成的大袋子，上印有「架錢千萬貫文」、「冥用資財」、「往昇天堂」、「接引西方路、迎歸極樂天」以及「某某人收用」等字樣。

唯一的用處是裝置金、銀紙的金銀袋，人們之所以如此「多此一舉」，唯一理由是袋上可以清楚的寫上收用者的姓名，裝在袋中的紙錢焚化後，才不致被孤魂野鬼搶去，確保祖先收到使用。

▼民間超渡法會中，堆積如山的金銀袋。

●中元普渡時，燒給孤魂野鬼的庫錢。

庫錢

民間俗信認為，每個人出生之前，都必須向閻王借錢投胎轉世，死時必須帶更多的錢回到陰間，這些帶回去的錢也就是庫錢。王詩琅撰《艋舺歲時記》載：「須依死者的生肖，所燒化的數量也不同。如：子年出生者十萬，丑年出生者三十八萬，寅年出生者十二萬，卯年出生者十二萬，辰年十三萬，己年十一萬，午年三十六萬，未年十四萬，申年八萬，酉年九萬，亥年十三萬。」

寬五寸、長八寸或者更大的庫錢，大多為粗黃紙製品，面有鋸齒跡，五十張為一封，稱為一萬，都由子孫捐獻，放置在金銀庫（或稱庫箱）中，於超渡法會後集中焚燒，子孫則必須手牽著手圍成一個圓圈，避免孤魂野鬼前來搶奪。

往生錢

為超渡先人往生之用的往生錢，為方形，長寬都在五寸左右，甚至更大的紙錢，上印有「往生神咒」或者「極樂世界」之類的字樣，還有諸多的佛家咒語、蓮花圖案和佛教標記……等，一般都用於喪葬禮俗，為燒給祖先超渡往生之用。

台灣西部地區的往生錢，為方型黃紙紅色印刷，台東、花蓮地區則為長方型，白紙灰色印刷，上並蓋有「佛法僧寶」之印。

一般人燒用往生錢，大多整束連同銀紙焚燒，也有些人折成蓮座狀，乃為祈亡魂腳踏蓮花往西方，早日往生投胎。

●往生錢乃爲超渡祖先往生之用。

改年經

改年經亦稱改連經，是一解運、補運時必備的金紙，或夾在改運紙人（生肖）中和本命錢一併焚化，絕少單獨使用。

改年經的形制、式樣各地皆不同，上都印有改年經文，經文的內容卻大不相同，較正式的經文大致是：「太上靈寶天尊消災救苦度厄，勅令平安祈求，如願皆大歡喜，法虔誠懺悔解，禳度脫身中，災厄一一解散，勿致災難之神厄」，有些中間還印有地藏王神像，也有內容相當簡單的經文：「此改運真經，能改你年月日受人咒罵及消災改禍為福……」。

長四寸半，寬三寸半的改年經，七張或十張為一束，稱為一刀，使用時必須以刀為單位，也可夾上改運紙人一起使用。

●改年經主要是用來改運。

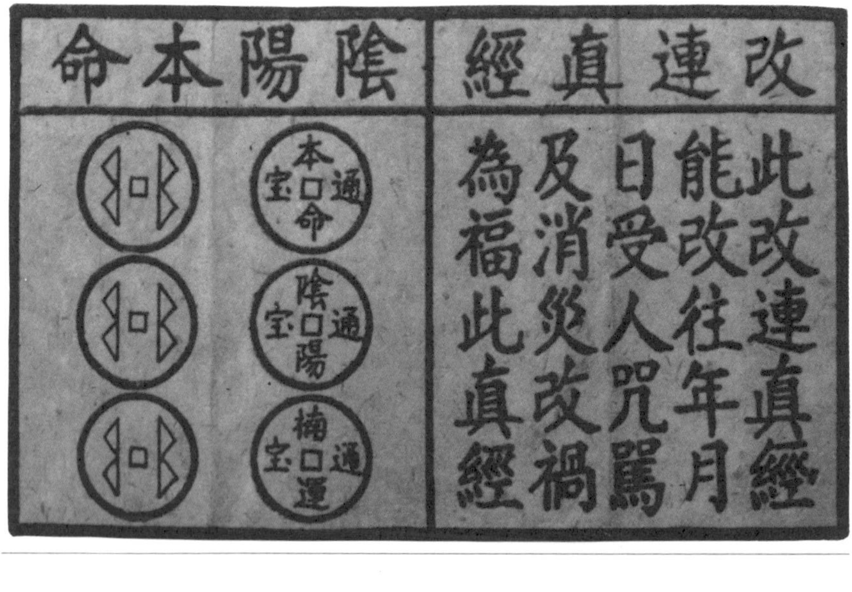

改運紙人

改運紙人又名替身，乃是人在遇到惡劣的命運，請求神明做主解運時必備的東西。男人持男紙人，女性持女紙人，目的是讓解運之人，將身上的厄運，轉移到紙人身上，請紙人代為受過。

紙人的形式及大小，各地皆有不同，有用紙剪成男女人形，上印男女面譜，再以白或紅分別男女者，也有頭部為印刷好的男女圖形，身體則以稻草綁成，男性穿褲子，兩腳分開，女性著裙，兩腳並攏，或有僅半身像者……，種類繁多，無從詳記。

無論這些改運紙人的樣式如何，但都僅限用過一次便必須連同改年經一併焚燒，如此才能讓紙人把厄運帶走。

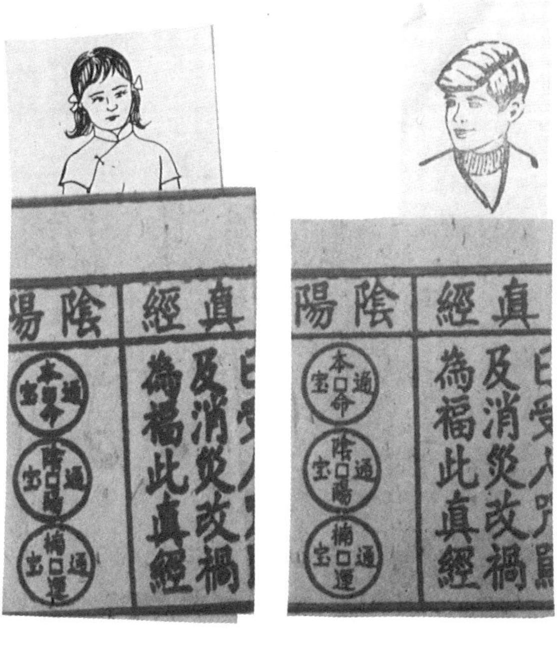

●改運紙人的任務是擔任替身。

改運生肖

改運生肖，顧名思義乃是用來解運的十二生肖圖，民間用以解運時或過七星橋時，必備的物品之一。

改運生肖必須和改運紙人同時使用，假設是個肖狗的男人，過橋之時便需持一個男紙人以及一個狗生肖，如此以方便確認紙人的年庚，至於它的形式也有多種，最普遍的是十二生肖頭，身體用紙剪成人形，上置改年經及香等物。

無論是改運紙人或改運生肖，解運者持在手中，由道士或法師唸咒施法解運後，必須一併焚燒，讓厄運隨紙人前去，不要再糾纏活人身。

▼改運生肖乃爲確認年庚之用。

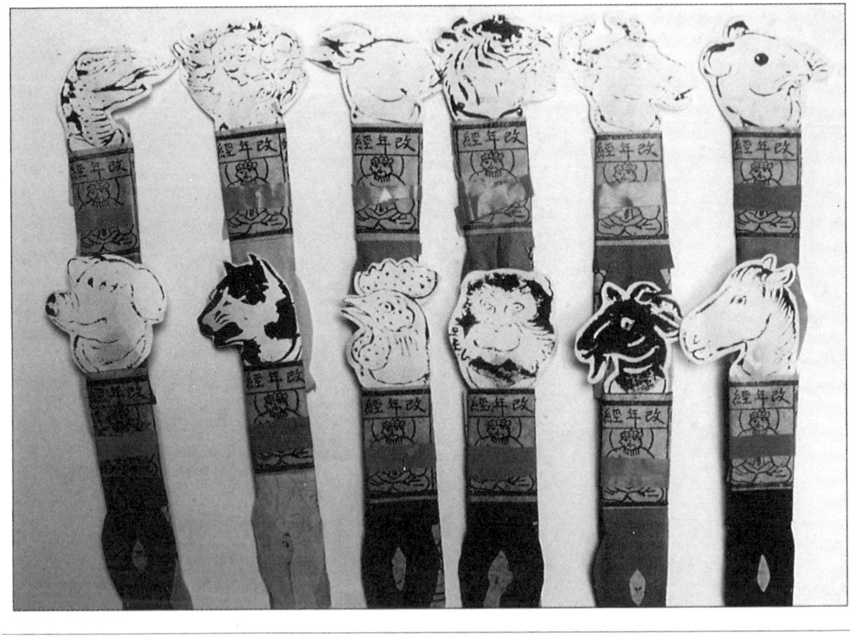

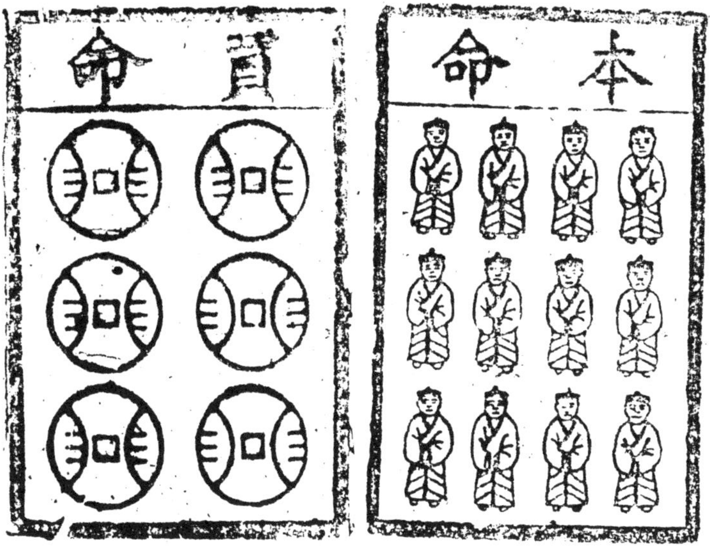

●本命錢和買命錢的用途相同。

本命錢

本命錢或稱買命錢，是一種印有小人圖形或錢幣的紙錢，形式相當簡單，主要的作用是替自己買命之用。

大凡一個人需要解運或補運之時，心裡上必然有運氣不好，或者命不好，遇到凶神惡煞之類的陰影存在，為了拋開這些陰影，讓解過運的人有較健全的心裡，於是出現各種可祈、可求、可驅邪、可逐煞的紙錢，本命錢則是針對「命不好」之人，用以增強本命或者買命之用。

本命錢長四寸半，寬三寸半，七張或十張為一束，也稱一刀，因其作用特殊，為最符合民間需要的信仰用品。

陰陽錢

陰陽錢，顧名思義，是用來買通陰陽兩界的錢，和改年經、本命錢，同屬解運錢。粗黃紙印製，十張稱一刀的陰陽錢，主要的作用是祈求本命陰陽福氣，換句話說，不只要求活著時命好，連在陰界的福你都先祈求了。這個觀念，說明了台灣人對幸福的祈求，是不分陰陽兩界的。

由於自古以來，陰都用月亮做為象徵，太陽則代表陽，大多數的陰陽錢都用太陽和月亮的圖案來顯示，雖然沒什麼創意，卻也一目瞭然。

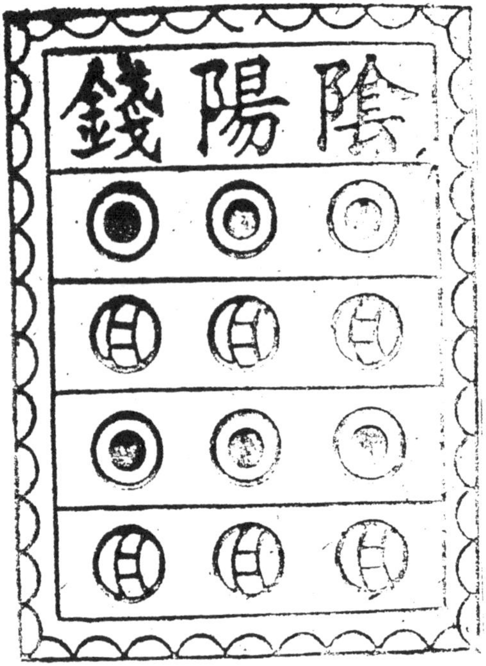

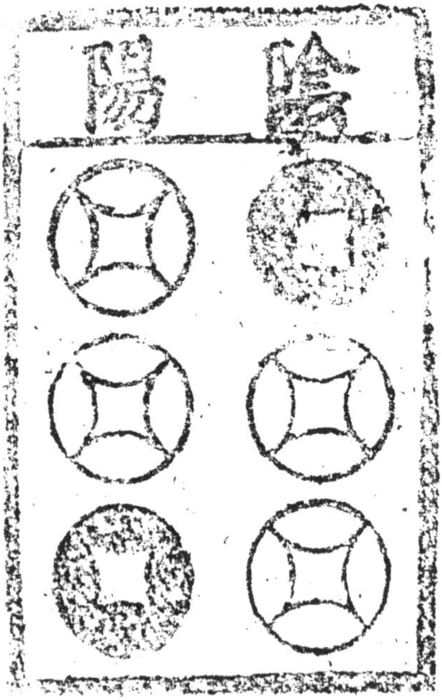

●陰陽錢可通行陰陽兩界。

三官大帝錢

天官、地官和水官，合稱為三官大帝，為自然崇拜而神格化的神祇之一。

台灣民間俗謂：「天官賜福，地官逐煞，水官補運」，說明在解運或補運儀式中，天官、地官和水官主要的功能。

粗黃紙製成，單張自成單位，形式眾多，大小不一的三官大帝錢，共分天官錢、地官錢和水官錢三種，是指定用紙錢中最常見的一類，紙面上有三官大帝圖像及天官、地官或水官字樣。民間燒獻三官大帝錢，主要是祈求福氣與驅逐邪煞。

▼三官大帝錢共分成三種。

神將錢

封建社會的官僚系統中，職位愈高的人，能夠使喚、差遣的部將愈多，有些職位太高者，甚至連部屬都有使役供使喚，這層層的部下系統中，由於居高位者管轄不到，任意胡作非為，貪贓枉法的情形自然很容易出現。神明的世界中，受到現實世界的影響，也會有許多部將的存在，這些神的部將，也就是神將。

神將的職司與功能，是供主神使喚與替主神跑腿，工作雖雜，卻是最能與主神親近者，現實社會中的人也就以「現實社會之心，度神將之腹」，設計出了神將錢。

寫有神將字樣，並繪有神將圖案的神將錢，主要的作用除可表示人民敬神不分大小的心態，更重要的是賄賂神將，希望他們在主神面前多說幾句好話。

●神將錢爲部將專用的紙錢。

山神土地錢

台灣人傳統的信仰觀念中，認為自然萬物都有主宰的神明，山神和土地便是掌管大地的神，山神管轄的以山為主，土地則是區域土地的掌管神。

在神界的信仰系統中，一般人大多只拜俗稱土地公的福德正神，較少崇祀山神，但在陰界的領域中，山神因掌管埋葬死人的山頭，土地公則是墳墓的守護者，因此在許多墓園中常可見到祂們同被人們祭祀。

民間俗信，亡逝者的靈魂不得安穩，會影響後世子孫的運氣與發展，因此在解運時，燒山神土地錢去賄賂山神和土地公，也就成了很重要的事。

●專屬山神土地的山神土地錢。

花公花婆錢

民間信仰中，花公花婆是專門照顧兒童的守護神，台南市的臨水夫人廟，還特別供有花公花婆神像，供善信們祈求庇祐孩子平安順利長大。

花公花婆錢，顯然也完全為了祈求孩子健康平安，順利成長而來的紙錢，錢上即有一對年長的老夫婦，臉上都佈滿了皺紋，此外更重要的則是中間的那棵花樹。民間信仰，每一個生命，在陰間便是一棵花樹，唯有照顧得宜，花樹充滿生氣，人才能健康平安，負責照顧花樹的，自然得委託花公花婆多費神了。

除了花公花婆之外，民間另有花童或花童仔的俗信，認為還沒出生的生命，乃是由花童管轄，婦女們若要求子嗣，除了要請花公花婆盡量好自己的花樹之外，更要拜託花童仔早日讓花樹結果，如此婦女才能懷孕，以傳宗接代。

●花公花婆爲孩子的守護神。

●兩款造型不同的火神錢。

火神錢

屬於自然信仰的火神，在民間信仰分別扮演兩種不同的角色，一是掌管火政的神明，二是禳造火災的火精。

指定用紙錢中的火神錢，主要是為了防火而用的。尤其在某地不幸發生火災後，請道士或鍾馗爺來壓火煞，必得焚燒火神錢，以防止火災再犯。中國晉干寶撰《搜神記》對這個禳災之神的記載如下：「火神姓宋名無忌，漢時人，生而神異，歿而為火精，唐牛僧孺立廟祀之，以禳火災。」

太歲錢

太歲又稱太歲星君，或者歲君，它既是星辰，也是民間奉祀的神祇。

道教中的太歲星，也就是本星，十二年行走一周天，每年所在的方位，都被視為凶方，不宜掘土建築。民間信仰中的太歲神，也稱太歲星君，和每個人的運氣禍福有最大的關係，李叔還編《道教大辭典》載：「道家以六十甲子中，每歲輪值，掌理人間禍福之神者，為值年太歲……」

一般人的年庚，若與值年太歲相同，民間稱為犯太歲，年庚對冲者，則叫冲太歲，無論是那一種，在那一年裡必定百事不順，事業多困厄，身體多病變，因此務必要奉太歲星君，「以保本年平安無事，萬事如意，福運亨通。」（《金太白民曆》）

太歲錢主要的功用，就是安奉太歲時，焚燒用以祭解的紙錢，不過近年來民間安太歲時，僅焚燒一般的金紙，太歲錢已相當罕見。

●太歲星君的造型相當威猛。

天狗錢

天狗也是民間年辰中，常犯忌的星辰，每一年通書上都會指出某生肖者犯天狗，必須至寺廟中祈神以為化解。

天狗的原始形貌，《晉書》〈天文志〉謂：「狼北七星曰天狗，主守財。」《協紀辨方書》的解釋是：「月中凶辰也，常居月建前二辰，選擇家嫁娶忌之。」前者說明天狗是守財的星辰，後者卻說它是每個月中的凶惡時辰，嫁娶的人家千萬得避開。

民間俗信認為，犯沖天狗的人必然會破財遇厄，百事不順，必須於新年期間或祭煞補運時，焚燒印有天狗圖案，專供天狗專用的天狗錢，以為補償並兼祈福。

●天狗錢以狗爲圖案。

●白虎為民間懼怕之凶神。

白虎錢

白虎在道家的世界中，包含了兩種完全不同的意義，第一、是西方之神，民間口訣謂：「前朱雀，後玄武，左青龍，右白虎。」，顯見白虎為代表西方之神，青夏秋冬四季中，則為夏季之神；第二，是歲中的凶神，《人元秘樞經》謂：「白虎者，歲中凶神也，常居歲後四辰。」

民間信仰中的白虎，大多指凶神而言，每個年辰都有犯白虎之人；新廟落成時，必須安青龍在廟中，白虎神又是所有凶神中最惡的一種，無論是和解或祭奉，都不得稍為怠慢，否則便可能厄運當頭。長形黃紙製成，上印白虎圖案的白虎錢專門用於祭送白虎時，焚燒以供白虎神使用。

●面目猙獰的煞神。

煞神錢

煞神一般泛指凶煞之神，民間俗信，人生在世遭逢許多不順利的事，泰半因煞神作祟，某些常生事故或常肇車禍的地方，必定也有煞神強佔該處，危害人們。

民間俗信認為，這個世界中處處都有煞神與人們作對，也才有那許許多多消災解厄，解運逐煞的儀式，人們要進行這些法術，除了要請出神力無邊的主神或某些特定神（如鍾馗爺），企圖以武力驅逐之外，同時也要焚燒煞神錢，希望那些凶神惡煞們得到這些賄賂後，能趕緊離開。

指定用紙錢中的煞神錢，上寫有煞神字樣，另繪有地府小鬼造形的煞神，數量都在三個以上，每個煞神手持的兵器以及祂們的法力皆不同，用以代表各式各樣的凶神惡煞。

閻王錢

特定燒給某些鬼神的紙錢中，閻王錢是相當常見的一類。

民間信仰中的閻王，有十殿閻王之分，每一殿都有不同的職司，也都有不同的名稱，其中第五殿就叫閻羅王，使得民間對閻王的概念，常常集中在祂身上。閻王錢雖然不是專門為祂而設的，但人們在使用時，往往都以閻王錢為主要的奉請對象。

粗黃紙印上黑版的閻王錢，所繪的閻王白臉無鬚，文質彬彬，實和法場中常可見到的十殿閻王像有極大的差別。閻王之前，左右分立的部將，既非牛頭馬面，也不是黑白無常，令人疑惑，殿前的亡靈也見不到受罰或受刑的情況，其中所含的意義，顯然是不希望亡逝的先人，在閻王殿前受到任何刑罰。

●閻王錢的閻王造型，文質彬彬。

五鬼錢

五鬼指的是陰曹地府裡的小鬼。一般而言，這五個小鬼對人類並不友善，人們雖不喜歡祂們，卻不肯與之正面為敵，以免被「五鬼纏身，一世相隨」。

陰曹地府中的五鬼，心腸不好，唯利是圖，時時危害人們，本就是沒有什麼原則的小鬼，民間靈異信仰中有所謂的五鬼搬運術，乃是運用賂賄及法力，驅使祂們搬運黃金來供人們使用。

俗話說：「將爺好打發，小鬼才難纏」，民間信仰中對付五鬼的方法當然也是用人類最擅長、最慣用且最奏效的「有錢能使鬼推磨」了。五鬼錢便是燒給五鬼使用的專屬鈔票，上寫有五鬼字樣及五小鬼圖像，其他神怪妖異皆不得佔用。

●五鬼不只面目可憎，更是難纏。

前世父母錢

靈魂信仰中，有三世因緣的說法，前後三世的緣份，免不了恩怨情仇，因此會有「今世不孝父母，後世被子女報復」以及「前世債，今世還」等等之說法。前世父母乃指前輩子的父母，由於不孝或緣份未了，前世所積的恩怨，必於今世償還，其中最典型的例子是，孩子出生後，體弱多病，不吃不喝，哭鬧不休，經探問後原來是前世父母不願孩子轉世投胎，今世父母為救這個小孩，就必須請法師或道士和前世父母溝通、談判，甚至與之抗爭、鬥法，直到前世父母放手給孩子一條生路為止。

前世父母錢主要的作用，乃是焚燒給前世父母，做為補償前世債務的紙錢。民間如果需要動用到前世父母錢時，總是大把大把的焚燒，以求能夠早日擺脫糾纏。

●前世的恩怨未結，必須燒紙錢以爲補償。

亡魂錢

一般而言，人死了之後的靈魂，都算是亡魂，不過有子孫奉祀的靈魂，都有適當而專門的稱謂，因此一般稱為亡魂者，大多指無主的孤骨或無後的亡靈而言。

民間例行的七月普渡，便是為了普渡無主孤魂。然而，有些亡魂或者含恨而死，或者因無人祭祀而糾纏其他的亡者，這個不安的亡者，必定會將他的厄難反映在後代子孫身上，解運祛厄時，燒亡魂錢的目的就是希望把那些亡魂打發走。

服帽穿戴整齊的亡魂圖像，線條流暢，造形完整，雖是出自民間藝人之手，卻也是一幅頗有特色的民俗版畫。

●祭祀亡魂，必燒亡魂錢。

七星錢

由自然崇拜繁衍而來的七星，道家稱為七元星君，星相界則稱北斗星或北斗七星，《太清玉冊》清楚記錄了七星之名：「北斗七星：一曰貪狼，二曰巨門、三曰祿存、四曰文曲、五曰廉貞、六曰武曲、七曰破軍，計有七宮。」

七星跟人最密切的關係，莫過於紫微斗數中的十二宮，七星進入不同的宮，對人一生的命或一時之運，都有截然不同的影響。七星錢為民間指定用紙錢中，不指名給某種神祇鬼靈，而給自然現象或災厄關口，和刑剋錢、車厄錢、路關錢都屬一類。

●七星錢以七星爲標記。

刑尅錢

民間信仰中，大多把一些不順遂的事，都歸作厄運加身或者某種難關無法渡過，刑尅往往可能是許多人的生命中，無法避免的重大災厄之一。

所謂刑尅，是指牢獄之刑。傳統社會中人，不僅畏懼衙門，不願意打官司，更對牢獄之刑視為人生最大的劫難，民間俗信，導致這個劫難的，乃因「刑尅」之關無法安渡。補救之法乃是請法師施法渡關，焚燒刑尅錢以催化，以祈逢凶化吉，安渡難關。

●刑尅錢可協助渡過刑尅。

車厄錢

車厄和刑剋相同，都屬於人生中諸多難過的關口之一。民間俗信，如果運中帶有車厄，不能夠及時化解，往往輕者車禍受傷，重者一命歸陰。

汽車被指為現代的馬路老虎，是二十世紀以後才興起的人生劫難。犯了車厄之人，必須焚燒車厄錢，並請法師解運，才能避免因汽車帶來的災難。

民間流傳的各種解運紙錢中，儘管生產的廠家不同，圖像也有許多差異，卻都顯得相當拙樸，唯獨車厄錢上繪有現代化的摩登汽車，以及戴鴨舌帽被撞倒的人，都是現代社會才會出現的場景。車厄錢的出現，說明了民間信仰的社會變遷性。

●因應現代社會而生的車厄錢。

●路關錢可協助打通關口之用。

路關錢

民間普遍流行的靈魂信仰中，謂人死後要過奈何橋及十殿閻王，其中處處有小鬼把關，任何一個小鬼都可以任意刁難或惡意折磨，陽間的後世子孫，為了讓先人能夠早日通過這種關口，及早登上極樂世界，於是有「做七」及其他種種超渡法會，雖然如此，仍不是每個靈魂都能迅速而順利的過關。

為了協助亡者的靈魂，順利通過每一關，在陽世的後人，必須準備許多路關錢，焚燒給每一個守關的小鬼，以利打通關節。

用城門和道路，一人持拂塵行走其間來表示的路關錢，在民間的喪葬文化中，顯然成了亡魂的通行證。

轉輪錢

「因果報應，生命輪迴」是人死後的世界中，最普遍的再生說法。民間通行的善書《玉曆寶鈔》中，有圖解六道輪迴的面目，這六道依序是：一、天道；二、人道；三、阿修羅；四、畜生；五、餓鬼；六、地獄。至於什麼人輪迴到那一道，則視個人生前的善惡罪行，經過十殿閻王審判後分配各道。

轉輪錢是一種協助亡靈分配到天道、人道或者畜生、地獄的紙錢，錢上除繪有陰陽的圖記外，還有輪迴的六道，六道的源始則寫個「心」字，不正在暗示每個人死後會發配到那一道，只有自己心裏最清楚吧！

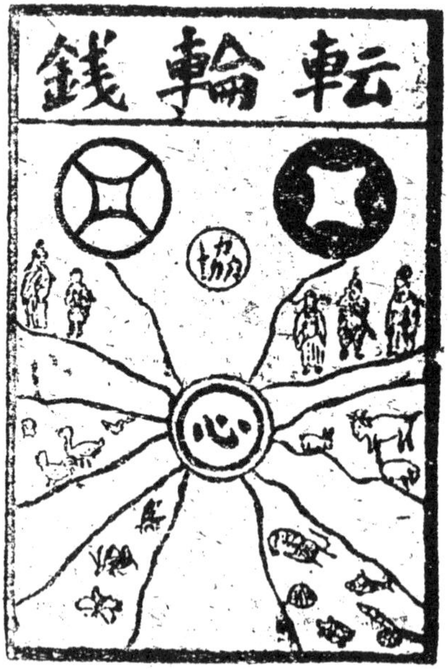

●轉輪錢由心出發，相當有意思。

其他指定用紙錢

一般都用於法場的指定用紙錢，使用的場合本身便相當神秘，兩者因南北法師的差距頗大，各地的金銀紙業者也大不相同，這一類的紙錢，無論在數量及種類上，都無法確知到底有多少種？

在個人所知的指定用紙錢中，至少還有改厄錢、總馬錢、雲馬錢、神馬錢、牛馬將軍錢、大二爺錢、夫人錢、童子錢、門頭戶定錢、銅蛇鐵狗錢、白猿錢、流蝦錢……等。

改厄錢自是用來消災解厄的，上有佛祖圖像，以助人渡厄；總馬、雲馬和神馬錢，都是供王神乘坐的生騎，牛馬將軍錢是專燒給牛頭馬面的；大二爺指的是七爺和八爺；夫人錢為臨水夫人專用的紙錢；童子錢所指乃為花童，主職照顧陰間的花樹；門頭戶定乃為福佬話，所指的是門戶之意，燒給監門據戶的孤魂；銅

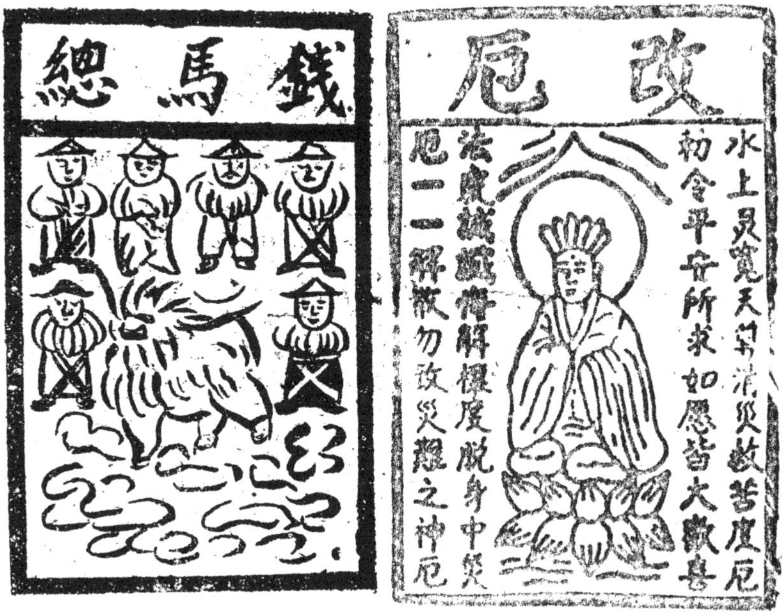

●改厄錢和總馬錢。

蛇、鐵狗和白猿、流蝦，都是導致人遭逢各種意外的作祟者，必須燒化它們專用的紙錢，才能夠免除疾病厄運的糾纏。

當然，除了這些指定用紙錢外，應該還有許多特殊的用物，每種東西的用途都不同，但必然都是因為民間的需要而誕生的。民間信仰，本來就是人民因需要而生的文化。

●夫人錢乃是燒給臨水夫人用的。

●大二爺錢與牛馬將軍錢。

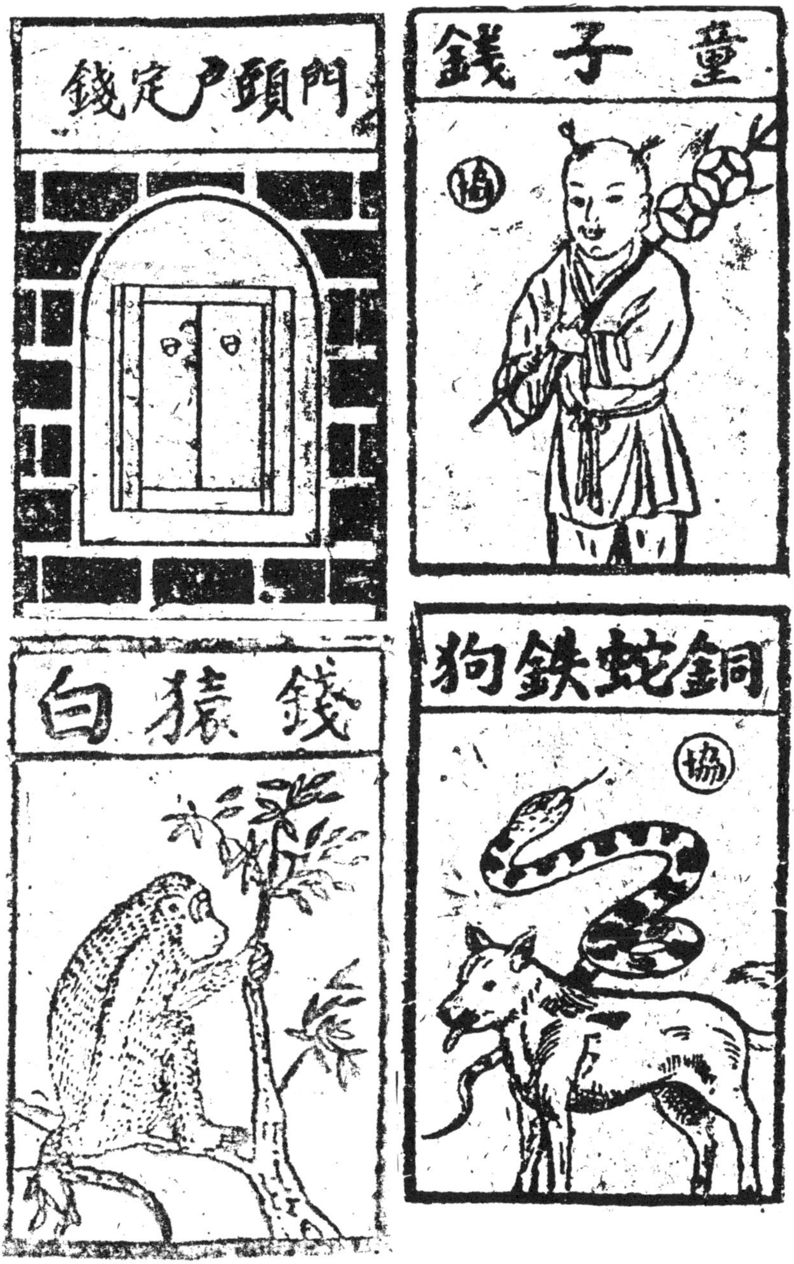

●童子錢、門頭戶定錢（上欄）、銅蛇鐵狗錢和白猿錢。

籤號　218
籤詩　216, 218, 219, 220
蘿蔔　159, 243, 253,
鷲鷟　134

二十四劃

蠶豆　239
靈芝　156
靈官　11
靈異信仰　303
靈魂信仰　304, 309
靈龜聖母　57
靈霞洞　100
靈獸　120, 149

二十五劃

觀世音菩薩　116, 278
觀世音菩薩立像　220
觀世音菩薩殿　139
觀光廟　220
觀音立像　176
觀音佛寺　249
觀音佛祖　72
觀音佛像　176
觀音巖　98
黌宮　165

二十六劃

驢　190

二十九劃

鬱壘　132

182
關帝爺　48
關輦轎　185
麒麟　120, 190

二十劃

孽鏡台地獄　49
寶光精舍　100
寶券　271
寶物　154
寶瓶　155
寶傘　155
寶華苑　100
寶塔　120
寶劍　190
寶藏巖　98
爐丹　195
爐公先師　48
爐主　86, 88, 92, 93, 211, 214
獻帛　242
獻酒　247
獻祭　211, 239, 242, 258
獻壽　156
釋迦　236
釋迦牟尼佛　176
鐘　118
鐘鼓樓　118
鐘樓　118
饒益院　100
騰龍　115, 146
鹹年糕　250
鹹菜　253

麵羊　234
麵筋　234, 235
麵線龜　252
麵豬　234

二十一劃

櫻花木　177
櫺星門　162, 169, 170, 172, 173
蘭花　158, 244
蠟燭　196, 204, 205, 210
護心鏡　154
護法　70, 112
酆都大帝　49
露台　113
驅邪　224, 291
驅邪符　224

二十二劃

歡迎門　104
禳邪　206
禳災　11
鐵狗　311
鐵狗錢　312
鰲魚　120

二十三劃

籤王　219
籤枝　216, 218 , 219
籤舍　220
籤架　217
籤條　218
籤筒　183, 216, 217

點香　196
點香爐　196
點龍睛　181
齋戒　240
齋戒法會　235
齋戒期　234
齋教　98
叢林佛寺　155

十八劃

擴散行爲　68
擲爐主　214
擲筊　92, 195, 209, 212, 214, 215, 216, 218, 219
禮門　162, 164
禮獻三酒　247
織女星　248
繞境　14, 53, 67
繡球　130
藏經筒　172
藍采和　189, 190
轉世投胎　304
轉輪錢　310
鎮火符　224
鎮殿神　65
鎮殿神像　177
鎮殿媽祖　65
闔屏　169
雜八寶　154
雜姓公　55
雜神　54
雜類神　54, 73
雙喜排香　200
雙龍拜塔　102, 120, 182
雙龍搶珠　102, 120, 182, 188
雞　232, 233
雞冠花　158
雞鴨豬肉　241
鞭炮　206
顏子　167
顏子路　167
題緣錢　95
魏徵　131, 268
鯉魚　57
鯉魚吐水　120

十九劃

龐鐘璐　168
爆竹　206
羅士友　53
藥方　219, 222
藥王菩薩　70
藥引　223
藥籤　219, 221, 222, 223
藥籤筒　217
譚起　53
醮典　210, 234
醮祭　256
醮場　240, 256
鏡子　280, 281
關公　137, 151
關公坐像　176
關平太子　70
關（聖）帝君　11, 38, 48, 70,

隨駕王　51
頭城鎮　142
頭家　92, 93, 214
鴨　232, 233
鴟吻　173
鴟尾　173
龍　121
龍山寺　98, 104, 142
龍虎門　109, 111
龍虎廳　109
龍門　109
龍柱　106, 144, 152, 186
龍眼　236
龍眼乾　262
龍袍　176
龍鳳　102, 189, 273
龍鳳呈祥　188, 198
龍德宮　80
龍頭　111, 115, 121, 171, 173
龜　57, 252
龜粿　252
《龍魚河圖》　169

十七劃

壓火煞　297
壓尾　256
壓墓紙　282
戲台　142
戲曲演員　86
戲班　188
檀香　203, 207
檀香木　177
檀香柴　203
檀香粉　203
檀香爐　203
燭　196
燭台　183, 108, 196, 205
環香　202
礁溪　39, 62
縷空雕　146
聯庄　87
聯庄會　87
聯庄廟　11
臨水夫人　264, 280, 311
臨水夫人廟　296
薑　240
薛溫　53
蟠桃　156
螭陛　171
講美村　80
謝神　191
賽錢　187
賽錢箱　187
賽龍舟　181
賽戲　13
還魂扇　190
還願　253
鍾任貴　53
鍾馗爺　297, 301
霞海城隍廟　79
韓湘子　189, 190
鮮花　228, 244
鮮花素果　241
點光明燈　96

蝙蝠　57
褒忠亭　100
褒忠義民　56
褒忠義民廟　56
豌豆　239, 258
豎燈篙　258
豬八戒　46
豬公　259
豬羊棚　230
豬肉　230, 233, 253
豬尾　232
豬頭　230, 232, 233
豬籠包　253
輦轎　185
遮米篩　82
鄭元和　48
鞋子　281
餓鬼　310
髮具　281
魷魚　232

十六劃

儒教　12
壁堵　144, 148
壁飾　149, 152
憨番　127
憨番扛廟角　127
憨番擎大杉　127
擇墓　67
擂金　153
擂鼓　118
橫匾　139, 164
樹王公　60
樹王爺　60
樹神　60
橋神　63
歷山　160
澤蘭　223
燒金　122, 142
燈台　105
燈座　105
燈神　63
燈樑　192
燈篙洞　256
燕尾　165
燕窩　102, 241
獬豸　121
盧德　53
磚刻　148
磚雕　148
磬　154
糕餅龜　252
糕點　249, 250
糖　240
糖果　228, 245, 249
蕃茄　236
蕭其明　76
褲子　281
謁祖　112, 118
辦事　67
錢幣　291
閻王　49, 286, 302
閻王錢　302
閻羅王　302

銅蛇　312
銅蛇錢　311
銅錢　180
銅環　137
閨房　73
閩南式樣　102
魁星爺　243
鳳　121
鳳凰　120
鳳凰展翅　120
鳳梨　236, 237, 259
《艋舺歲時記》　286

十五劃

儀典　162
劉元達　53
劉氏祖會　88
劉武秀　76
劉聖君　54
劉還月　7, 9
劍山地獄　49
劍童　72, 132
劍監　72
劍蘭　244
厲鬼　243
厲鬼弄人　56
墀頭　127, 149
增添福祿　75
墳墓　55, 282, 285, 295
廟仔　100
廟祝　225
廟會　198
廟埕　104, 105, 123, 142, 183, 186, 192, 194
摩根(Lewis Henry Morgan)　8
暮鼓晨鐘　118
樟木　177, 217
樺山資紀　11
澎湖　60, 80, 83
潘英海　9
熟牲　229
瘟王　53
瘟疫　53
瘟神　11, 53
瘟神系統　54
盤香　202
盤腸　155
穀　256
穀雨　134
緝私　52
線香　197, 198, 200, 202
線香業　46
蓮花　155, 244, 272, 278, 287
蓮座　158, 278, 287
蓮荷　158
蓮蓬　190
蓮蕉花　264
蓮藕　159
蔡坤軍　76
蔡季通　167
蔡倫　268
蓬萊米　251
蔴粩　261
蝶　57

壽神　48
壽終正寢　75
壽誕　200
對聯　138
彰化　40, 62, 138, 168, 172, 176
彰化市　98
戧脊　121, 173
戧獸　121
撤供　247
撤饌　191, 212
敲鐘　118
旗斗　125
旗杆　125
榕　244
漳州人　51
漳州派　176
演義小說　54, 84
演戲　142
漢鍾離　189, 190
滿月　264
滿漢全席　241
熊掌　240, 241
犒軍　78
犒賞　275
福份　95
福份錢　93, 95, 214,
福安堂　98
福州派　176
福命婦　82
福佬人　194, 206, 250, 282, 284
福佬話　42, 237, 249, 311
福金　274
福客械鬥　56
福圓　262
福圓湯　262
福祿壽　198, 283
福祿壽三仙　102, 120, 151, 188
福德正神　70, 295
端木賜　166
管理人制　92
算盤　141
粿　254
粿塔　253
綠豆　235, 258
綠袍　182
綵　215
肇聖王　167
艋舺　104
蒲公英　223
蒜　159, 243
蓋香　202
蓑衣　84
誦經　112, 225
賓階　115
趙公明　53
趙玉　53
銀(錢幣)　256
銀仔　284
銀紙　122, 268, 283, 287
銀圓　254
銀箔　275, 283, 284
銀錢　268
銀爐　122
銅柱地獄　49

葉王　149
葬禮　258
葛茲（Clifford Geetrz）　9
葡萄　236
補運　249, 262, 288, 291, 293, 299, 306
裝飾香　203
裕聖王　167
解厄　195, 301
解運　288, 289, 290, 291, 293, 295, 301, 305, 308
解運紙錢　308
解運錢　292
路神　63
路關錢　306, 309
辟邪　82, 102, 198
辟邪物　82, 154
辟邪錢　154
辟煞　224
運籤　219, 221
運籤筒　217
遊境　13
遊魂　233
遊魂厲鬼　55
遊泮　170
道士　181, 211, 247, 290, 297, 304
道士壇　188
道家　298, 300, 306
道家八寶　154
道教　98, 100, 137, 209, 236, 298
道場　236, 240, 256
過米篩　82
過爐　68, 192
酬神　142, 228
酬神戲　142
鈴木清一郎　72, 283
銑（鐵片）　256
雷　59
雷公　73, 84
電　59
電子琴花車　17
電母　73, 84
電光炮　206
電燈燭台　205
鼓　118
鼓樓　118
鼓燈炮　206
鼠麴草　253
鼠麴粿　253
《搜神記》　297
《道教大辭典》　298

十四劃

僧人　118
嘉義　57, 62, 149
境主公　52
墓地　282
墓園　295
壽公爺　54
壽金　273
壽果　261
壽香　200
壽桃　156

圓仔　254
嫁娶　299
媽祖　11, 46, 51, 70, 116, 182
媽祖廟　70
廉貞　306
慈惠堂　98
感謝狀　96
搓湯圓　254
敬酒　247
新丁粄（餅）　93
新年　225, 250, 251, 259, 261, 263, 299
新竹　176
新竹縣　56
新春　262
新埔鎮　56
新婚　189
新莊　62
新港　39
暗八　198
暗八仙　190
暗訪　52
極樂世界　287
楊泗將軍　54
楊戩　54
楓樹　158
楹柱　166
楹聯　138, 140, 146, 153
歲君　298
歲寒三友　157
準紙錢　277, 282
煙火炮　206
煙囪　172
煞神　301
煞神錢　301
獅　121, 190
瑞氣植物　157
祿存　306
祿位牌　75
祿位牌主　75
祿位殿　75
祿神　48
萬人公　55
萬仞宮牆　165, 170
萬年青　244
萬善爺　55
萬應公　55
經衣　281
義女祠　98
義犬將軍　57
義民爺　51, 56, 100
義民爺信仰　56, 87
義渡會　88
義路　162, 164
聖公媽　55
聖父母　116
聖旨　64
聖祖殿　167
聖筊　92, 195, 213, 214,216, 219
落地府　116
落花生　159
落蒸地獄　49
落磨地獄　49
葫蘆　12, 122, 190, 196, 218

善才 72
舜 160
菩提場 100
菩提蓮社 100
菱角 159
萊菔 159
菊花 158, 244
菜心 239
菜包 251, 253
菜包粿 253
菜碗 228, 235
菜頭 243
詒聖王 167
註生娘娘 48, 70, 72, 75, 280, 282
象 190
買命錢 291
超渡 211, 268, 278, 287
超渡法會 285, 286, 309
跋杯 212
辛婦媽 54
進士 158
進香 15, 16, 40, 42, 68, 93, 94, 186, 192
進龍 111
閔子騫 166
開山住持 74
開天門 247
開中門 106
開台聖王 51
開光點眼 181
開光點眼咒 181
開府 179
開斧符 179
開基神 64, 65, 88
開基廟 15, 39
開臉 179
開漳聖王 38, 51
陽間 52, 53
隆田 138
雲林 62
順風耳 70
黃古紙 282
黃色高錢 279
黃紙 275
黃得時 168, 170
黃楊木 177
黃旗 79
黑白無常 109, 302
黑衣 182
黑奴 127
黑虎將軍 57
黑蜂 180
黑旗 79
黑鴨舌 181

十三劃

傳令 72
傳宗接代 296
傳統性 160
傳說 40, 54, 57, 73
催命符 224
嗜好品 208
圓斗 125

喚醒堂　142
報時　118
寒冰地獄　49
寒梅　157
寒單爺　48
富貴蔬果　159
富崗社區　216, 218, 219
廂房　118, 138, 168
復聖顏子　166
復興宮　138
惡煞　291
惡靈作祟　64
惠安人　51
戟門　169, 173
戟脊　121
戟獸　121
描金　153
插香　191, 194, 211
插煙　208
提匣　72
提花　72
提粉　72
提鏡　72
散水螭首　171
普渡　183, 248, 256, 259, 281, 305
普渡場　183
曾子　167
曾子晰　167
替身　289
朝天宮　39, 65, 96
椅神　63
植物　154
游泮　170
渡關　307
渭水　160
湯圓　254
湯糰　254
焚香　112, 122, 142, 179, 210, 212, 216
無主孤魂　305
無主枯骨　55
無作門　104
無相門　104
牌樓　104
犀角　154
猴子　121
猴腦　241
琵琶　137
琴棋書畫　146
發糕　251
發粿　179, 254
程顥　167
童子　311
童子錢　311
童乩　203
統一神　44, 45
筊　213, 247
筊面　213
筊蓋　213
筊數　215
筍乾　235, 238, 239
紫菜　239
紫微斗數　306

符首　224
符膽　224
符鏡　181
符籙　224
統一神　44, 45
袪厄　305
袪禍　206
袪魅　198
舂臼地獄　49
荷葉先師　48
蛇　57
蛋　232, 233
許願　253
貨幣　268, 269, 277, 283
貪狼　306
通天之能　122
通天柱　172
通天筒　172
通書　299
通神　198, 204, 212
通草　223
通樑　60
連忠宮　76
連雅堂　11
逐疫　11, 198
逐煞　291, 301
透空雕　144
部將　57, 70, 72, 84, 112, 134, 275, 294
陳姓宗親會　88
陰界　52
陰界行政神　46
陰神　208
陰筊　213, 216, 219
陰曹地府　303
陰間　52
陰間行政神　46, 49
陰陽　310
陰陽兩界　45, 292
陰陽板　190
陰陽錢　292
陰陽雙包　209
陰靈　208
雀替　146
頂桌　239
頂極金　270, 271, 278
魚　232, 233
魚翅　240, 241
魚鼓　190
魚蝦貝類　241
鹿　190
鹿耳門　104
鹿港　104, 142, 176
麻豆　39

十二劃

割舌地獄　49
博脊　149
喪事　197, 204, 250
喪祭　67, 90, 206, 211
喪葬文化　309
喪葬禮俗　211, 256, 287
喪葬祭禮　258
喪禮　279

張全　53
張果老　189, 190
張基清　76
張載　167
彩金　215
彩繪　111, 149, 152, 153, 154, 155, 156, 160
御史太師　54
御路　115, 144, 171
御路石　106
惜字（亭）爐　123
探花樹　116
接神　277
捧印　132
掃墓　206, 282, 283
採芹　170
排炮　206
排香　200
啓屏之儀　169
啓聖王　167
啓聖祠　167
曹國舅　189, 190
望燎　242
梧桐木　217
梅花　244
梅花香　198
梟鳥　173
添財進寶　242
添載　276
添綵　215
添燈（丁）　204
淺雕　144, 146, 148
清心堂　98
清明　134, 282, 285
清茶　246
清酒　247
淨穢　198
脫衣舞　16, 17
理髮業者　46
甜粄　250
甜粿　250, 251
甜糕　250
甜點　258, 261, 263
盔甲　277
眼科　222
硃砂筆　181
祭孔大典　169
祭祀公業　89, 92
祭祀天地　238
祭祀圈　93, 94
祭祀組織　86, 90, 91
祭祀儀禮　16
祭祀團體　88, 89, 91
祭品　108, 113, 142, 183, 197, 228, 232, 233, 234, 235, 236, 237, 238, 240, 241, 242, 244, 245, 248, 255, 261, 262, 263
祭祖　14, 197, 212, 246, 251, 259, 275, 283, 284
祭祖先　200
祭煞　299
祭禮　56
笛　190

豹　190
財子壽三仙　270, 272, 273
財子壽金　270
財神　48
財神爺　274
財團法人制　92
起童　185, 203
軒轅教　204
送灶　254
送虎　111
送神　218, 277, 278
酒　228, 247
酒杯　132
配祀　65, 70, 78
配祀神　70, 72, 183
配偶神　73
釘　256
針線　248
除夕　250, 270
除穢　82
馬　190, 277
馬丁　72
馬公　146
高台　229
高雄　60
高錢　279
鬼王　109, 181
《晉書》　299

十一劃

做七　309
做牙　246
做功德　211
偶神　84
偶像化　59
側殿　70, 108, 139
剪刀地獄　49
剪紙　189
剪黏　151, 154
動物神　57
匾額　139, 140, 166
唸咒　179, 290
國王夫人　73
基隆　176
基督教　204
婦人藥　222
婦女神　72
婚俗　82, 258
婚宴　263
婚嫁　67, 262
婚慶　252, 258
婚禮　200, 261
淫祀　11
淫祠　11
婆姐衣　279
密遮金剛力士　137
尉遲恭　131, 132
屠宰業　48, 86
崇祀節孝　238
崇聖祠　167, 169, 173
崇聖殿　162, 167
崑崙山　156
常民文化　17
張元伯　53

祖神之廟　38
祖廟　15, 16, 38, 39, 40, 68, 88, 112
祖廟進香團　15
祖靈　212, 278,
神　138
神主牌　74
神衣　182, 282
神佛　12
神明會　12, 86, 88, 89, 90, 92, 94, 214
神明像　176
神明壽誕　67, 156, 215
神明壽誕日　92, 214
神物　180
神社　105
神洞　180
神界　52
神案　146, 183, 189, 204, 205, 210, 212, 224, 244, 245, 247, 251
神桌　217, 259
神格　40, 44, 45, 46, 51, 56, 62, 63, 67, 69, 70, 72, 116, 125, 132, 136, 182, 255, 269, 272, 293,
神茶　246
神馬　72
神馬錢　311
神將　233, 279, 294
神將高錢　279
神將錢　294
神荼　132
神蛾　57
神話　40, 51, 60, 70
神農大帝　48
神農大帝廟　139
神像　12, 80, 176, 177, 179, 180, 181, 182, 288
神誕　87
神豬　229, 259
神器　12
神壇　78, 98
神龕　65, 83, 112, 146, 152, 166, 183
秦叔寶　131, 132
笊籬　190
笑筊　213, 216, 218, 219
素食　238
素菜　235
納克搭・特納（Victor Turner） 8
紙炮　206
紙匾　139
紙錢　268, 275, 276, 279, 284, 285, 291, 304, 310,
耿通　53
胭脂　280
航海之神　48
草屯　62
草藥　223
茶　246, 247
茶壺　132
茶葉　246

哪吒　54, 76
唏、哈二將　137
唏將　137
夏瘟　53
孫悟空　222
宰我　166
家祠　100
家廟　93, 100, 132
宮牆　165, 169
案桌　183
庫箱　286
庫錢　286
徒手祭拜　209
挾祀神　72, 109
旁祀神　112
旁牲　233
旁殿　70, 74
晉殿　186
書　154
書法　153
核心圈　93
案桌　223
桂花　158, 244
桂花枝　243
桂圓　159, 239
桂圓（龍眼）乾　249, 262
桂圓殼　249
桔子　159
桔餅　245
梳子　281
桌神　63
桌裙　188
泰勒（Edward Burnett Tylor）　8
消災　301
涇河龍王　131
浸血池地獄　49
海味　240
海洋文化　105
海神　59
海神廟　216, 218, 219
海馬　121
海帶　235, 239
海會庵　98
海龍王　59
海鹽　240
流蝦　312
流蝦錢　311
浮字　207
浮雕　144, 146
烏甜粿　250
特種行業　46
狠北七星　299
狻猊　121
畜生　310
破軍　306
祠堂　100, 138
祖公會　12, 88, 89, 92
祖先　38, 88, 89, 125, 167, 205, 208, 210, 229, 233, 246, 263, 283, 284, 285, 287
祖宗牌位　191
祖宗會　88
祖師　72
祖師爺　46

234
皇民化政策　12
皇民化運動　100
皇帝格　72
看牲　230
祈文公　167
祈壽　75
祈福　11, 75, 96, 102, 108, 211, 276
秋瘟　53
紅杏　158
紅豆　235, 258,
紅蛋　264
紅袍　182
紅棗　261
紅麵　264
紅旗　79
紅線　202
紅龜　179
紅龜　252, 253
美祿　247
美濃　40, 60
胡其銘　76
胡敬德　131
茉莉　244
苗栗　62
苗栗縣　122
軍民廟　57
述聖子思子　166
降神　197
韋馱　70, 137
風　59
風伯　84
風神　11
風鼓　129
風調雨順　137
風調雨順四大金剛　176
飛簷　165, 220
香　191, 195, 196, 197, 198, 204, 210, 216, 224, 290
香水　248
香火　56, 57, 89, 92, 93, 94, 203
香火廟　155
香灰　195, 196
香油錢　14, 15, 95, 96, 219, 225
香油錢箱　96
香期　40, 112, 122, 195,
香煙　208
香煙架　208
香菇　235, 238, 239
香擔　203
香蕉　237
香燭　96, 108
香爐　112, 132, 191, 192, 195, 203, 211, 212
《封神榜》　54

十劃

高僧　268
值年太歲　298
冥界　268
凌宵寶殿　116
原住民　127
原始文化　8

南投　62
南角頭　42
南極仙翁　189
南營　76, 79
南鯤鯓　104
南鯤鯓廟　96
哈將　137
垂脊　120, 121, 173
垂獸　121
城隍　11, 59, 73
城隍夫人　73
城隍爺　52, 116, 141, 275
城隍廟　52, 73, 109, 132, 138, 141
契父　60
契父神　264
客家　56
客家人　51, 56, 100, 192, 194, 202, 206, 246, 250, 253, 282, 284
客家民宅　194
客家地區　75, 87, 187, 192
封立　53
封籤　218
屏東　60, 62, 78, 168, 213, 233
屏東縣　56, 84
屋椽　149
幽冥教主　52
建醮(大典)　14, 183, 230
建醮法會　181
律師　8
後殿　74, 116, 138, 139, 162, 167
拜天公　229, 232, 239, 250, 270, 271
拜亭　141
拜殿　108, 109, 113, 139, 183
持手爐　211
持香　191, 196, 209, 211
持劍　132
指定用紙錢　293, 301, 306, 311, 312
指南宮　39
按金　180
施法　290
春分　134
春花　251
春秋二祭　240
春節　250
春瘟　53
春聯　138
昭忠祠　98
昭忠塔　122
昭應宮　146
星辰　298, 299
星相界　306
柿子　159
柑橘　236, 259
枸杞　157
柏樹　157
泉州派　176
流民公　55
炮山　206
炮仔　206
牲醴　216, 228, 229, 230, 232,

金香部　249
金紙　122, 123, 242, 268, 269, 270, 272, 273, 274, 276, 280, 298
金記宿　76
金針　235, 238, 239
金魚　155
金童　72
金黃袍　182
金圓　254
金箔　138, 270, 271, 273, 274, 275
金銀庫　286
金銀紙　268, 285, 311
金銀紙錢　276
金銀財寶　242
金銀袋　285
金橋　49
金錢　130
金爐　122, 123, 152
金蘭會　90
長方旗　79
長生果　159
長生會　90
長生祿位　75
長年香　198, 202
長壽花　157
長壽香　198
長劍　137
門枕石　129
門神　63, 131, 132, 134, 136, 137, 152, 153, 154, 210
門釘　136, 169
門鼓　129, 130, 144
門頭戶定　311
門頭戶定錢　311
阿修羅　310
雨　59
雨水　134
雨師　84
雨傘　137
青山王　51
青竹　157
青旗　79
青龍　109, 111, 300
青龍壁　111
青龍廳　109
《協紀辨方書》　299

九劃

信仰圈　39, 94
信徒組織　95
侯彪　53
保生大帝　38, 48, 51, 57, 70, 134, 222
保生大帝廟　134
保安宮　39
保健　198
保儀大夫　51
勅符　181
前世父母　304
前殿　106, 118, 142
南方增長天王　137
南安人　51

武廟　11, 136, 165
泥塑　152, 183
河神　59
泮池　170
泮宮　170
法事　268
法師　116, 181, 290, 304, 307, 308, 311
法場　204, 240, 311
法會　211, 235, 247, 256,
法輪　155
法器　141, 154, 155, 158, 278
法螺　155
油飯　262, 264
油鼎地獄　49
油盤　105
物神　63
物神崇拜　131
狀元　171
狎魚　121
狗　57
狗生肖　290
玫瑰　244
社會變遷性　308
空門　104
芙蓉　158
芭樂　236
芹菜　170, 243
花　132
花公花婆　296
花公花婆錢　296
花木果蔬　156
花生　235
花生糖龜　252
花豆　235, 258
花炮　206
花粉　248, 280
花瓶　132, 183
花窗　146
花童　296, 311
花童仔　296
花鳥　120
花籃　146, 190
花蓮地區　287
花樹　296, 311
虎　57
虎杖　223
虎門　109
虎背　190
虎首　111
虎爺　57
虎頭蜂　180
迎城隍　79
迎神　14, 84
迎神賽會　13, 106, 203, 206
返魂　198
返駕　118
近衛軍　78, 83
金　180, 204, 216, 236, 238
金五寶　180
金玉滿堂　188
金白錢　275
金瓜斧絨　132
金香　249

兩廂　162
兩儀　209
兩儀四象　209
刺殼粿　253
協天宮　39, 98
協祀　65
協祀神　72, 112
卓蘭　57
叔梁公　167
周倉將軍　70
周敦頤　167
夜來香　244
夜梟　173
奉天宮　39
奈河橋　309
孟子　167
孟公宜　167
孤骨　305
孤魂　268, 284, 311
孤魂野鬼　210, 255, 281, 284, 285, 286
宗聖曾子　166
宗教組織　94
宗教團體　12
定光古佛　51
官方祭祀　140
官田鄉　138
官廟　11
宜蘭　62, 73, 146, 168, 176
宜蘭縣　142
往生　287
往生神咒　278, 287
往生錢　287
忠狗　57
忠義亭　100
抱鼓石　129
抽籤　209, 217
昔酒　247
昌聖王　167
旺來　259
明牌　55, 60, 62
東方持國天王　137
東河角頭　42
東南營　78
東哲　166
東配　166, 167
東港　53, 160, 276
東階　115
東勢　88
東嶽大帝　52, 116, 275
東營　76, 79
東廡　168
枇杷　159
林美容　94
林爽文事件　56
林邊鄉　84
杯子　132
杯筊　212, 213
枉死城地獄　49
松　244
松茸　235
武曲　306
武門神　132
武將　125

孝服　256
孝思會　90
床母　280, 282,
床母衣　280
弄璋　252
投胎轉世　286
改厄錢　311
改年(連)經　288, 289, 290, 292
改年經文　288
改運紙人(生肖)　288, 289, 290
李子　237
李叔還　298
李勇　54
李鐵拐　122, 152, 189, 190
宋無忌　197
求神問事　116
求財求利　15, 57, 204, 205
求籤　216, 217, 219, 220
沙文主義　127
沙盤　207
沖天炮　206
沖太歲　298
灶神　63, 254
牡丹　132, 158, 189, 244
男丁　95
男神　67, 73
男紙人　289
私壇　93
秀山居　100
秀才　53, 170
肖狗　290
芋頭　235
艮女　72
角頭　11, 14, 16, 42, 95
角頭神　67, 233
角頭(小)廟　11, 38, 42, 79, 84, 93, 94, 95, 96, 100, 132, 139, 215, 229
言偃　166
豆　240, 256, 258
豆干　232, 234, 235
豆皮　235
豆苗　239
豆腐　234
車厄　308
車厄錢　306, 308
車前草　223
巡境　93
邪神　65, 179, 208
那羅延天界力士　137
里港　60
防叔公　167
《佛地論》　104

八劃

乳釘　136
事酒　247
使役　112
供桌　108, 146, 181, 183, 185, 187, 188, 202, 207, 208, 217, 218, 229, 244, 245, 259
佾舞　113
兩柱香　210

米糕　237, 249
米龜　252
米粩　261
老人會　90
老山烏沈檀香　203
老古紙　282
老松　157
自由樂捐箱　187
自動靈籤舍　220
自然信仰　297
自然神　59
自然崇拜　192, 293, 306
艾葉　154
行政　54
行政神　44, 46, 48, 51, 52
行雨　131
行香　109
行神　46, 48, 73
衣服　281
衣服料　280, 281
肉頭魚尾　233
西方極樂世界　278
西方廣目天王　137
西北營　78
西施脊　120
西哲　166
西秦王爺　48, 57
西配　166, 167
西港　60
西勢忠義祠　56
西營　76, 79
西廡　168

七劃

佛手　159
佛寺　98, 118, 137, 155
佛陀　70, 137
佛家八寶　154, 155
佛家咒語　287
佛祖　235, 311
佛堂　98
佛教　12, 70, 98, 100, 137, 155, 158, 204, 287
佛像　176
何仙姑　189, 190
何仲　53
何金龍　151
佣人　72
作法　112
伽藍護法　137
伯夏公　167
余文　53
兵士　76, 277
兵頭　76
吳友　53
吳氏祖會　88
吳鳳　54
吳德祥　76
呂洞賓　46, 189 , 190
含笑　244
妙蓮庵　98
孝女　211, 256, 258
孝友會　90
孝男　211, 256, 258

刑剋　306, 307
刑剋錢　306, 307
印童　72, 132
印監　72
吉祥花卉　158
吉祥植物　156
同祀之神　116
同祀神　69, 84, 183
吊桶　146
吊鐵樹地獄　49
向日葵　158
因果報應　310
圳神　59
地方行政神　51
地方神　51, 73
地官　192, 293
地官錢　293
地府　276
地庫　276
地神　273
地基主　100, 255
地獄　310
地藏王　288
地藏王菩薩　72, 74
在來米　251
如意珠　154
字紙　123
存齋堂　98
守護神　46, 51, 56, 64, 264, 295
安太歲　298
安青龍　300
安龍　256
安瀾宮　84
年辰　299
年糕　250
成湯　160
托夢　64
收驚　195
曲阜　102
曲樂之神　48
有求必應　56
有若　166
有應公　55, 56, 57, 100, 207, 208, 255,
有應公信仰　208
有應公祠　207
有應公廟　98, 108, 139, 208
朱一貴　56
朱元璋　125
朱雀　109, 300
朱熹　166, 167
池府千歲　84
求子嗣　296
百姓公　55
竹　244
竹田鄉　56
竹符　80
竹筍　159
竹篙炮　206
竹篩　82
竹雕　146
米包龜　252
米粉龜　252
米篩　82

甲馬　277
白色高錢　279
白沙鄉　80
白豆　258
白虎　109, 111, 300
白虎神　300
白虎壁　111
白虎錢　300
白虎廳　109
白紙　275
白猿　312
白猿錢　311
白旗　79
白蓋　155
白雞冠　181
白鶴　189
石母娘娘　62
石母祠　98
石珠　130
石神　62
石爺爺　62
石獅　130, 144
石碑　80
石榕公　62
石榴　132, 159
石燈　105
石燈座　105
石雕　105, 115, 144, 149, 154
石頭公　62
石頭廟　62
石壓地獄　49
石礎　144
立春　134
立夏　134
立匾　139
立體繡　188, 189
《台灣民間信仰小百科》　7, 9
《台灣的孔廟》　170
《台灣通史》　11
《台灣舊慣冠婚葬祭與年中行事》　283
《玉曆寶鈔》　310

六劃

乩字　185
乩桌　185
乩頭　185
交趾陶　149, 154
交陪　91
伊尹　160
仲由　166
光明燈　225
光明燈塔　225
先農　11
先賢　167, 168
先儒　167, 168
先鋒官　70
全羊　229, 230, 234
全牲　230, 232
全豬　229, 230, 234
全鴨　230, 233
全雞　230, 233
共祭會　91
冰糖　245

四聯境　87
外五營　76, 79, 80, 84
外科藥　222
外圍圈　93
外營　76, 78, 83
尼姑　98
巨門　306
巧聖先師　48
左右廂　74
左佛童　72
左宮娥　72
左道童　72
左龍　300
左營舊城　152
左鎮公厝　100
左廡　162
布袋戲偶　78
布袋戲裝　78
平安符　224
平面繡　188, 189
平埔族　138
平埔族人　127
平埔族公廨　138
平塗　153
打鐵業　48
本命錢　288, 291, 292
本星　298
正吻　121
正身　112, 148
正脊　120, 121
正殿　65, 108, 112, 113, 116, 118, 121, 129, 139, 162, 166, 172, 177, 192
正廳　192
母獅　130
民俗學家　72
汀州人　51
犯天狗　299
犯太歲　298
犯白虎　300
玄天上帝　48, 51, 182
玄武　109, 300
玉女　72
玉旨　64
玉勅普龍殿　84
玉皇大帝　44, 45, 46, 53, 64, 116, 131, 182, 194, 250, 269, 270, 271
玉蘭　244
瓜筒　127
甘蔗　279
生仁　237
生仁果　245
生仁糖　263
生火　210
生男育女　48
生肖　286, 299
生育禮俗　264
生命輪迴　310
生牲　229
生員　170
生菜　243
生豬肉塊　229
田都元帥　48

冬瓜糖　245, 263
冬至　254
冬粉　238
冬節圓　254
冬節會　88
冬瘟　53
出巡　11, 14, 53, 67, 84, 93
半年圓　254
加冠晉祿　132, 158, 188
功德主　70, 74, 75,
功德殿　74, 75
功德殿位　75
功德祿位殿　75
包仔　251
北斗七星　306
北斗星　306
北方多聞天王　137
北角頭　42
北海岸　57
北港　39, 57, 65, 96
北極殿　98
北營　76, 79
半月池　170
半牲　230, 232
半豬　232
半鴨　230
半雞　230
占卜　214, 224
占卜之物　207
占卜師　217
去鬼　198
古坑　62
右廂　70
右佛童　72
右宮娥　72
右道童　72
右廡　162
司法　54
司法神　38, 52, 70, 73, 140, 141
史文業　53
台中　60, 168
台中縣　88
台北　39, 62, 79, 168, 234
台北縣　57
台東市　216, 218, 219
台東地區　287
台南　53, 57, 60, 62, 149, 164, 165, 168
台南市　42, 65, 87, 134, 136, 292
台南縣　138
台基　113, 115, 144, 171
四大天王　137
四方旗　79
四合院　102
四季　134, 300
四季籤　221
四果　179, 216, 228, 235, 236, 237
四時之果　236
四海龍王　44
四配　166
四進　102
四殿五官王　49
四聘賢能　160

木櫟地獄　49
止風符　224
水　180, 236, 238
水仙　158, 244
水仙尊王　48
水利村　84
水官　192, 293
水官錢　293
水果　244
水果龜　252
水泥業　48
水流公　55
水墨彩繪　153
水龍　120
火　180, 236, 238
火山地獄　49
火珠　120
火神　11, 297
火神錢　297
火精　297
父母會　90
牛　57
牛坑地獄　49
牛馬將軍錢　311
牛將軍　57
牛僧孺　297
牛頭馬面　70, 132, 302, 311
王母娘娘　156
王來　259
王直元　76
王船　53, 160, 276
王船祭　276
王爺　53, 72, 132
王爺信仰　53, 72, 76
王爺級　72
王爺會　86
王爺廟　139
王詩琅　286
《五虎平西》　84
《五虎征東》　84
《文廟祀典考》　168
《太清玉册》　306

五劃

主帥　76
主神　11, 40, 44, 56, 57, 65, 67, 68, 69, 70, 72, 76, 78, 80, 82, 83, 84, 94, 112, 116, 132, 139, 140, 146, 182, 183, 224, 248, 275, 294, 301
主神爐　192
主祭官　200
代天巡狩　53
代天府　104
令牌　80
令旗　80, 186
令旗架　186
仙人　121
仙桃　132
兄弟會　90
冉伯牛　166
冉有　166
冉雍　166

天金　271, 278
天界行政神　46, 48
天界神明　44
天皇殿　98
天穿日　250
天庫　276
天庫地庫　276
天庭　48, 276
天神　38, 243, 273, 278
天神位（座）　194
天神爐　192
天馬　121
天堂鳥　244
天道　310
天醫眞人　222
夫人錢　311
太上靈寶天尊　288
太子爺　48
太牢之禮　234
太陽　234, 292
太陽公　234
太陽堂　234
太極圖　209
太歲　298
太歲星　298
太歲星君　298
太歲神　298
太歲錢　298
孔子　164, 167, 169, 172, 173
孔伯尼　167
孔伯魚　167
孔明　54, 160
孔（子）廟　113, 136, 162, 164, 165, 166, 167, 168, 169, 170, 171, 172, 173
尺　281
尺金　271
手爐　211
文化人類學　7
文化人類學史　7
文化人類學者　8
文曲　306
文昌　11
文昌帝君　46, 48, 243
文明之神　48, 123
文武差　132
文廟　11, 102, 140, 162, 166
斗牛　121
斗拱　127, 146
斗笠　84
方斗　125
方勝　154
日本　105
日本文化　105
月台　113
月亮　292
月娘　248
木　180, 236, 238
木匠業　48
木耳　235, 238, 239
木金父公　167
木柵　39
木雕　146, 183

五齋　238
五獸　121
五獻禮　242
五醴　241
五顯靈官　53
元帥　76
元帥級　72
元宵　225, 254
元宵節　254
元清觀　98
元廟　15, 38, 39, 40, 112
元寶　242
內五營　76, 79, 84
內外營　83
內科藥　222
內湖　234
內殿　146
內營　78, 79
內臟　230, 232
凶神　291, 300
凶神惡煞　181, 291, 301
凶禍之神　111
六千軍馬　76
六合彩　16
六合境　87
六戎軍　76
六面雕　144
六殿卞城王　49
六萬兵士　76
六義士　55
六道　49, 310
六道輪迴　310
六齋　239, 241
六藝　172
六藝柱　172
公厝　100
公獅　130
公墓　55
公籤　221
分身神　67, 68
分香　10, 15, 16, 64
分香廟　15
分靈　39, 42, 56
分靈神　68, 112
分靈廟　40, 42, 94
刈金　272
厄運　289, 290, 300, 307
及第花　158
天上聖母　38, 48
天上聖母廟　139
天干地支　218, 219
天井　108, 113, 183, 186, 192
天公　192, 194, 263, 270
天公金　269
天公廟　98
天公爐　113, 192, 194
天尺金　271
天主教　204
天后宮　98, 104, 146
天官　192, 293
天官錢　293
天狗　299
天狗圖案　299
天狗錢　299

山珍海味　228, 240
山神　59, 295
山神土地錢　295
山神野祀　100
山茶　158
山牆　127, 149
干寶　297
《三民主義》　14, 151
《大清會典》　168

四劃

中元　183, 248
中元普渡　259, 305
中正公園　176
中門　115, 130, 138
中炮　206
中牲　233
中秋　248
中將總管　84
中箔　283, 284
中瘟　53
中壇元帥　48
中興公厝　100
中營　76, 78, 79
井神　63
互助會　90
五千軍馬　76
五方　76, 79, 238
五王府　39
五色紙　282
五色線　180
五行　180
五行五色　79
五行相生　238
五狄軍　76
五味　255
五味碗　255
五奇峯　176
五府　53
五府王爺　44
五果　236, 237, 241
五祀　131
五虎將　84
五門　106, 169
五牲　229, 230, 232, 233, 234, 250
五帝　11
五鬼　229, 303
五鬼搬運術　303
五鬼錢　303
五彩高錢　279
五殿閻羅王　49
五萬兵員　76
五福大帝　11
五瘟使者系　53
五穀籽　180, 256, 258
五營　76, 79, 80, 82
五營小廟　79
五營元帥　76, 78, 80, 82, 84, 180
五營元帥頭　83
五營兵馬　125
五營信仰　79
五營旗　78, 79
五營頭　78, 79

乞爐丹　195
亡魂　72, 287, 305, 309
亡魂公　55
亡魂錢　305
亡靈　302, 305
土　180, 236, 238
土地　59, 295
土地公　62, 73, 182, 210, 233, 246, 274, 295
土地公金　274
土地公廟　42, 98, 108, 132
土地婆　73
土神　273
大二爺錢　311
大三牲　233
大小鬼　109
大天后宮　65, 136
大王　67
大仙寺　98
大成至聖先師　166, 167
大成坊　162, 164
大成門　162, 164, 169
大成殿　162, 166, 167, 168, 169, 171, 173
大佛　176
大里　60
大花壽　273
大門　136
大炮　206
大香　198
大家樂　55, 60, 62, 207
大神正道　100
大神尪仔　279
大悲院　100
大湖　122
大媽　67
大滿漢　241
大箔　272, 274, 283, 284
大銀　283, 284
大銀紙　283
大廟　42, 64, 92, 122, 136, 139, 195, 196
大盤香　202
大稻埕　79
大龍峒　39
女口　95
女性之神　248
女紙人　289
子神　48
小三牲　233
小五牲　232
小兒科藥　222
小花壽　273
小祠　55, 80, 139, 192, 196
小鬼　301, 303, 309
小黑人　127
小滿　134
小滿漢　241
小箔　272, 274, 283, 284
小銀　284
小廟　80, 207
山東　102
山門　104
山珍　240

刀鋸地獄　49
十二生肖圖　290
十二生肖頭　290
十二佃　60
十二哲　166
十二宮　306
十二瘟王　53
十八王公　55, 57
十八羅漢　70, 84
十六羊　234
十殿　49
十殿閻王　49, 52, 302, 309, 310
十殿輪轉王　49
十獸　121
卜高　166
《人元秘樞經》　300

三劃

三十六天罡　136
三十六官將　83, 84, 134
三十六官將門神　134
三十六官將頭　83
三十六碗酒肉　78
三十六萬兵馬　78, 83
三十六營將　78
三千軍馬　76
三山國王　44, 51, 73
三山國王廟　42
三川門　106, 108 109, 130, 138, 139, 141, 186
三川殿　108, 109, 129
三王　67
三仙　283
三合院　102
三百六十進士　53
三角旗　79, 82
三協境　87
三官大帝　48, 269, 278, 293
三官大帝錢　293
三府王爺　53
三門　104, 106
三牲　229, 230, 233, 234, 241
三柱香　210
三界公　271
三界公爐　192
三筊　213, 214
三秦軍　76
三進　102
三媽　67
三殿宋帝王　49
三萬兵員　76
三獸　121
三獻禮　242, 247
三顧茅蘆　160
下庄角頭　42
上上籤　219
上帝爺會　86
上香　113, 192, 200, 247
千里眼　70
乞丐　48
乞火　68
乞求　252
乞彩　215
乞綵　189, 214, 215

索引

一劃

一柱香　210, 211
一筊　213, 214
一殿秦廣王　49
一靈獸　134

二劃

丁口　88, 95
丁口錢　92, 93, 95, 96, 214
七十二地煞　136
七夕　248,282
七元星君　306
七王公　55
七星　306
七星娘娘　48
七星橋　290
七星錢　306
七娘媽　248, 264, 280, 282
七殿泰山王　49
七爺　70, 311
七獸　121
九千軍馬　76
九天玄女　46
九夷軍　76
九殿都市王　49
九萬兵士　76
九豬　234
九龍龜　146, 152
九獸　121
二二八事件　12
二十四孝故事　153
二十四節氣　134
二十四節氣神　84
二王　67
二筊　214
二媽　67
二殿楚江王　49
人羣（大）廟　38, 40, 42, 67, 84, 94, 96, 139, 186
人道　310
人類學者　9
入泮　170
入神物　180
入廟　108, 115
八千軍馬　76
八仙　120, 154, 189, 190
八仙八寶　154
八仙綵　189, 190, 215
八吉祥　155
八卦　224
八卦山　176
八爺　70
八殿平等王　49
八萬兵員　76
八騎　190
八寶　154, 155, 189, 190
八蠻軍　76

國立中央圖書館出版品預行編目資料

台灣民間信仰小百科. 廟祀卷/劉還月著. --
第一版. ——台北市：臺原出版：吳氏總經銷，
民83
面；　公分. ——（協和台灣叢刊：40）
含索引
ISBN 957-9261-54-7（精裝）

1.民間信仰—台灣

271.9　　8300256

●協和台灣叢刊40●
台灣民間信仰小百科〔廟祀卷〕
著者／劉還月
責任編輯／徐靜子
校　對／郭貞伶・郭瓊雲・李志芬・黃靜香
發行人　林經甫（勃仲）
總編輯／劉還月
執行主編／詹慧玲
編　輯／蔡培慧・徐靜子・陳柔森
出版發行／臺原藝術文化基金會・臺原出版社
發行所／台北市松江路85巷5號
編輯部／台北市新生南路一段157巷36之1號
電　話／（02）7086855～6
傳　真／（02）7020075
郵政劃撥／1264701～8
出版登記／局版台業字第四三五六號
法律顧問／許森貴律師
地　址／台北市長安西路246號4樓
印　刷／耘橋彩色印刷股份有限公司
電　話／（02）9175830
總經銷／吳氏圖書公司
地　址／台北市和平西路一段150號3樓之1
電　話／（02）3034150
定　價／新台幣三九〇元
第一版第一刷／一九九四年（民八三）二月

ISBN 957-9261-54-7